古老的聲音

古老的声音

孔宏／著

百花文艺出版社
BAIHUA LITERATURE AND ART PUBLISHING HOUSE

图书在版编目（CIP）数据

古老的声音/孔宏著. —天津：百花文艺出版社，2011.1

ISBN 978-7-5306-5691-4

Ⅰ.①古… Ⅱ.①孔… Ⅲ.①汉语-格言-汇编 Ⅳ.①H136.3

中国版本图书馆CIP数据核字（2010）第253563号

百花文艺出版社出版发行

地址：天津市和平区西康路35号

邮编：300051

e-mail: bhpubl@public.tpt.tj.cn

http://www.bhpubl.com.cn

发行部电话：(022)23332651　邮购部电话：(022)23332478

全国新华书店经销

永清县金鑫印刷有限公司印刷

*

开本880×1230毫米　1/32　印张8.875　插页2　字数163千字

2011年1月第1版　2011年1月第1次印刷

印数：1-5000册　定价：20.00元

前　言

凡是走过的，必将留下痕迹。

每个人在这世界上走过一遭，总要留下点儿什么。所留下的，可能是一项伟大的事业，也可能是一段传奇；或者是一曲高歌，或者仅仅是一个眼神，或者仅仅是一种心情……所有的这一切，点点滴滴，日积月累，最终汇聚成为了一股浩浩荡荡的洪流。人们给这洪流起了一个沉甸甸的名字——“历史”。

“历史”，并不仅仅是帝王将相的兴衰成败，更是大地上每一个生命的心路历程。而在这漫漫的历史长河中，无数平凡的人曾经留下了无数平凡但却意味深长的话语，直到如今，这些古老的声音还依然回荡在天地间。

为此，本书特采撷了从三皇五帝的先民时代一直到清朝末年这上下五千年之间人们曾留下的一段段难忘的话语，奉献给大家。

在这其中，有气冲云霄的壮志豪情，也有低回婉转的悲歌愁肠；有豁达的洒脱，也有无奈的叹息；有睿智的机锋，也有可笑的顽愚——尽管尘封的岁月已经遥远，尽管心的相貌已经变化万千，但在尘世变幻的面孔背后，所蕴含的那份生命之爱，却历久而弥新。

本书所选用的史料范围不仅仅包括了《史记》、《资治通鉴》等严肃的正史，也包括了《世说新语》、《夜航船》等文学性较强的民间作品。由于作者水平有限，疏漏之处在所难免，还请大家批评指教。

笔者

2008年12月28日

目录

立志篇

豁达篇

目录

修身篇

目录

勤俭篇

师友篇

目录

为学篇

睿智篇

目录

远见篇

刚正篇

目录

慈悯篇

宽容篇

目录

挚情篇

目录

愚痴篇

谐谑篇

立志篇

★燕雀鸿鹄

[秦]陈胜:“燕雀安知鸿鹄之志哉?! ”

——《史记·陈涉世家》

【背景介绍】

陈胜,秦朝末年阳城(今河南省登封县)人,大泽乡起义的领导者之一。

早年,陈胜曾受雇佣为人种田。一次在垄上休息时,陈胜对同伴说:“如果将来富贵了,大家相互不要忘记呀! ”同伴说:“咱们给人种地,怎会富贵? ”陈胜叹息道:“燕雀怎么能知道鸿鹄的志向?! (燕雀安知鸿鹄之志哉?!)”

公元前210年,秦二世胡亥登基,开始了他比秦始皇更残暴的统治。公元前209年7月,秦二世征发贫苦人民去驻守渔阳(今北京密云)。陈胜也被征召,为队伍中的“屯长”(小头目)。当队伍行至大泽乡时,遇到了大雨,难以前进。如果不能按期到达目的地,大家都要被杀头。在这种走投无路的情况下,陈胜与吴广揭竿而起,发动了著名的大泽乡起义。陈胜自立为王,国号"张楚"。

陈胜在称王之后就过起了奢华的生活。为了不让别人知道自己贫穷的过去,他竟然杀死了许多当初曾经和他一起耕田的家乡老友,以至于自己最后众叛亲离。称王6个月后,陈胜被自己的部下杀害,起义以失败告终。

【随感】

每个人都生活在自己的天空下,心量有多大,天空就有多开阔。

陈胜自诩为"鸿鹄",但他的天空也不过如此。而有的人,他(她)的天空包容着大地上每一份的爱与痛,包容着每一阵欢笑、每一滴泪水和每一段歌声。他(她)将路过每一个人的路,悲伤着每一个人的悲伤,幸福着每一个人的幸福——这,才是真正的鸿鹄。

只要有翅膀,就能够飞翔。天空已为你打开,向着远方勇敢地飞吧!

★何以为家

[西汉]霍去病:"匈奴不灭,无以家为也!"
——《史记·卫将军骠骑列传第五十一》

【背景介绍】

霍去病(前140—前117),平阳(今山西临汾西南)人,是平阳公主(汉武帝姐姐)家中的奴婢卫少儿与衙役霍仲儒的非婚生子。

霍去病从小生长在奴婢群中。后来霍去病的姨母卫子夫被汉武帝看重,被立为皇后,卫氏家族从此平步青云。霍去病18岁即为天子侍中(皇帝的贴身保镖),其舅父卫青被封为大将军,也是抗击匈奴的名将。

西汉初年,匈奴多次入侵北方边境。元朔六年,年仅18岁的霍去病以校尉的身份,跟随大将军卫青出征讨伐匈奴。霍去病率领800精锐骑兵长驱直入,出奇制胜,歼灭匈奴2000余人,被封为冠军侯。

在随后的战役中，霍去病展现了杰出的军事才华，歼灭匈奴十万余人，被封为大司马骠骑将军。汉武帝非常赏识霍去病，要给他建造府第，但霍去病却拒绝了，留下了千古名言："匈奴未灭，何以家为？！（匈奴不灭，无以家为也！）"

元狩六年，霍去病猝然去世，年仅24岁。汉武帝十分痛惜，在自己未来的陵墓——茂陵旁边为他修建了一座陵墓，状如祁连山，以纪念其不朽的功勋。

【随感】

胜人者力，胜己者强。对于个人来讲，更需要战胜的不是外在的强敌，而是要战胜自己，这需要更大的勇气、毅力和坚韧。古人将自己的弱点、恶习和烦恼比喻为盘踞在枕边的毒蛇，所以要"天行健，君子以自强不息"。道理很简单：毒蛇不除，岂能安眠？！

★老当益壮

[东汉]马援:“丈夫为志,穷当益坚,老当益壮。”

——《后汉书·马援传》

【背景介绍】

马援(前14—49),字文渊,东汉著名的大将。

马援从小就与众不同,“少有大志,诸兄奇之”。他曾当过扶风郡(今陕西兴平东南)的督邮,但是一次郡太守命他押送犯人去受刑,马援看到犯人太可怜,就私下将他们放了,他自己也只好逃亡到了北地郡(今甘肃庆阳西北)。

后来天下大赦,马援就安心地经营起了畜牧业。由于管理得法,很快马援就有了牛羊几千头,还积蓄了几万斛粮食。但是他并不看重这些财物,经常将财物分给大家,自己的生活却很朴素。他说:“积累钱财是为了帮助别人,否则只是一个守财奴而已。”他平时还经常对宾客们说:“大丈夫立志,越是穷困,越要坚强;越是年纪大,越要不服老。(丈夫为志,穷当益坚,老当益壮。)”

王莽末年,天下大乱。马援先是被王莽的军队征召,后又投奔了汉光武帝刘秀,开始他漫长的军旅生涯。马援为汉朝的江山立下了一个又一个功勋,还留下了“男儿要当死于边野,以马革裹尸还葬耳”的豪言壮语。

建武二十四年(48),南方发生叛乱,年已62岁的马援向光武帝请缨出征平叛。光武帝考虑他年事已高,没有答应。马援说:“臣尚能被甲上马!”马援飞身上马。于是,只见一位须发飘飘的老将骑着骏马,身披铠甲手握兵刃,英姿飒爽地来到了光武帝面前。看到此情此景,光武帝也深受感动,禁不住赞叹道:“矍铄哉,是翁也!”

建武二十五年(49),马援在战场上病逝,实现了“马革裹尸,不死床箦”的志愿。

【随感】

每个人都要对自己的老年负责。如果细心地观察身边不同的老人,看看他们的过去,再看看他们的现在,那我们该何去何从就很明显了。然后,从现在做起,从每一个念头做起,继续去书写天地间的那一段传奇。

★大器晚成

[东汉]马况："汝大才，当晚成。"

——《资治通鉴·卷四十》

【背景介绍】

马援的哥哥马况对马援一生的影响极大。

马援在兄弟四个中排行最小，马况是长兄，下面还有马余和马员。马援的这三个哥哥在王莽时都做到了两千石的高官。

马援12岁时父母双亡，马援随马况来到河南，拜颍川满昌为师学习《齐诗》。后来马援觉得家庭贫困，不能安心念书，就要辞别马况，准备到北方边郡一带种田放牧。马况说："你是大器晚成的人（汝大才，当晚成），能工巧匠从来不把未雕琢的玉石轻易地拿给人看。你就按照你自己的意愿，干你想干的事情吧。"

但是还没有等到马援出发，马况就病逝了。于是马援在家中为哥哥守了一年的孝，恭敬地侍奉寡嫂，对寡嫂非常尊重，衣冠不整，绝不进入寡嫂的房间。

后来马援就来到北方边疆种田放牧，从此开创了一生的基业，应验了“大器晚成”的古训。

“大器晚成”一语出自《老子》。后人在解释这句话时说道：“世人小智自用，以图速效；圣人深畜厚养，藏器于身，待时而动，迫不得已而后应，乘运而出，必为天下之利具。故大器晚成。”

【随感】

像人参、何首乌这样珍贵的药材，都是经过了几十年甚至几百年的生长，积淀了天地的精华，才能有此滋补的效果。假如有一天它们也像胡萝卜那样速生，那营养价值大概也和胡萝卜差不多了。

在这个纷乱的时代，一个年轻人可能在一夜之间就成为拥有无数fans的偶像，或者成为亿万富翁，但过早地成名、“成功”，对一颗年轻而躁动的心来说，未必是件好事。

★松柏难凋

[东汉]宗承:“松柏之志犹存。”

——《世说新语·方正第五》

【背景介绍】

宗承,字世林,东汉末年的名士,南阳(今河南南阳)人,与一代枭雄曹操处于同一时代。宗承的父亲是南阳太守宗资,他因看不惯官场的腐败而弃官还乡,宗承也继承了父亲的品格,孤傲刚毅,不肯同流合污。

宗承还是一个孝子。据《孝子传》记载,宗承的父亲去世时,宗承就亲自背土垒坟,而不用仆人,一夜之间垒起了五尺多高,后来上面竟然长出了翠竹。

早在曹操还没有得势的时候,宗承就非常看不起曹操卑劣的人格,不肯与他交往。曹操以为宗承不与自己来往是因为自己的地位低下。后来，曹操做了司空，独揽朝中大权。这时，曹操再一次问道："现在我们可以交往了吗？"宗承毫不犹豫地答道："松柏之志犹存。"依旧拒绝与曹操来往。

宗承如此不给曹操面子，自然会受到曹操疏远，也免不了受到排挤，因此官职很低，不过曹操的几个儿子对宗承还是非常尊敬的。每次当曹丕等兄弟来见宗承时，都是在宗承的座前行跪拜的大礼。

【随感】

古语道："惟具超方眼目，不被时流笼罩者，堪立千古品格；品立，则志成；志成，才得其所用。末世竞逐枝叶，罕达本源。谁知朝华易落，松柏难凋。才志之士，奈何甘舍大从小？"

松柏之所以能挺立山巅，因为它知道在乱石缝之外，还有一个更广大的境界；松柏之所以能傲霜斗雪，因为它坚信：寒冬虽然漫长，但是春天就在前面。

★桑榆未晚

[东汉]刘秀:“失之东隅,收之桑榆。”

——《后汉书·冯异传》

【背景介绍】

汉光武帝刘秀是东汉王朝的开国皇帝，是汉高祖刘邦的九世孙。

建武三年(27),刘秀拜冯异为征西大将军,在回溪(今陕西华阴境内)与起义的赤眉军大战,不料被赤眉军打败,死伤三千多人。但是冯异没有气馁,他收集残兵败将,得到了数万人,发誓要与赤眉军再次决战。

这一次,冯异令将士打扮成赤眉军的样子,在渑池(今河南渑池县西)埋伏,当赤眉军到来时,冯异的伏兵杀出。赤眉军分不出敌我,晕头转向,仓皇败去。冯异兵乘胜追击,将赤眉军全部消灭。

光武帝刘秀写信来慰劳冯异说:“赤眉军被消灭，将士们辛苦了！虽然开始在回溪失利,但最终还是在渑池奋起,可以说是在早晨失去,在傍晚又得回。〔始虽垂翅回溪,终能奋翼黾(渑)池,可谓失之东隅,收之桑榆。〕”(注:东隅,日出之处,也指早晨;桑榆,高树名,落日余晖照在桑榆树尖上,指日落之处,也指傍晚。)

【随感】

东隅之光、桑榆之光,同样是阳光,都可以照耀万物,都可以温暖人间。

看看具有传奇色彩的“年轻的老人”——新加坡的许哲老太太,她1900年出生,到今天已经是一百多岁了,如今身体健康、精神矍铄。她从70岁时开始到养老院中做义工,去照顾那些比她小很多的“老人”,三十多年如一日。那么,70岁对于她,究竟是“东隅”,还是“桑榆”呢?

★良相良医

[北宋]范仲淹："不为良相，便为良医。"

——《能改斋漫录·卷十三》

【背景介绍】

范仲淹（969—1052），苏州吴县人，北宋杰出的政治家、军事家、文学家。

范仲淹出身贫苦，两岁丧父。他刻苦读书，26岁中进士。后官至参知政事（副宰相）、枢密副使。他不仅留下了"范公堤"等恩泽后世的水利工程，他挥毫写下的那句"先天下之忧而忧，后天下之乐而乐"，又不知曾激励过多少代的人。直到今天，范氏家族依然人才辈出，长盛不衰，成为历史上的奇迹。

传说范仲淹小的时候，有一次到算命先生那里去抽签占卜，问自己将来能否当宰相，结果抽出的签是"不能"。于是范仲淹再一次抽签，并祈祷说："如果今生当不了宰相，但愿能当一个好医生。(不为良相，便为良医。)"结果抽出的签依旧是"不能"。范仲淹黯然叹息道："大丈夫立于天地间，却不能造福百姓，可悲啊！"

算命先生奇怪地问："刚才你还想要当宰相，怎么一下子就落到了要当医生呢？"范仲淹回答说："人生在世，唯有宰相和医生是最能造福百姓的。既然当不了宰相，那么身在民间而能造福苍生的最好选择，就是当一名医生。"算命先生感叹道："你有这份心，能成真正的宰相！"

也有史料认为，"不为良相，便为良医"是三国时诸葛亮临终对子孙的遗训。而根据笔者掌握的材料，诸葛家族遗训的原文应该是"良相治国、良药医民"，是后来在流传中才演变成了今天这个样子。

【随感】

少丢一个塑料袋，这世界就多一片净土；随手关一下灯，节省一点电煤，就多留一片蓝天；对人多一丝微笑，多一份鼓励，这世界就多一丝温暖；说出一句实话，履行一个诺言，这世界就多一份诚信；忘掉别人的一个错误，放弃一个报复的念头，这世界就少一点怨恨和暴戾。

我们自己，正是这个世界的主宰，正在医治着这个世界。

★大地之心

[北宋]张载:"为天地立心,为生民立命,为往圣继绝学,为万世开太平。"

——《张子语录》

【背景介绍】

张载(1020—1077),字子厚,北宋著名的学者。张载出生在陕西凤翔眉县的横渠镇,因此被称为"横渠先生"。他的学说被称为"横渠之学",而这四句话就是著名的"横渠四句"。

张载年少的时候,西北部边境经常遭到西夏的入侵。张载非常关心国家大事,就想联合一些志同道合的年轻人组成军队,去收复被西夏占领的国土。

1040年,范仲淹任陕西经略副使,兼知延州(今延安县)。21岁的张载得以拜见了范仲淹,阐述了自己对巩固边境、抵御侵略的看法。范仲淹说:"你是个读书人,自有读书人该做的事情,何必一定要研究兵法呢？”于是范仲淹就劝张载多读一些如《中庸》这样的哲学书籍。

与范仲淹的相见是张载一生的重要转折。在读了《中庸》之后，张载感到还不满足，于是又读了“六经”——《诗经》、《尚书》、《礼记》、《乐经》、《周易》和《春秋》。

嘉祐二年(1057)张载考中进士，先后任祁州司法参军、丹州云岩令等职。1069年，张载进京任崇文院校书。次年，因与朝中大臣意见不合，张载辞官离开京师，回到了故乡横渠，开始了人生最后六年多的清苦生活。

据史料记载，在这期间，张载“终日危坐一室，左右简编，俯而读，仰而思，有得则识之。或中夜起坐，取烛以书。其志道精思，未始须臾忘也”。也就是在这陋室里，张载开创了中国思想史上的一个重要流派——“关学”，也喊出了历史上最具震撼力的誓言：“为天地立心，为生民立命，为往圣继绝学，为万世开太平。”

1942年，哲学泰斗冯友兰先生在其著作《新原人》的序言中引用了张载的这句话，并在后面加上了：“虽不能至，心向往之。”

【随感】

高山仰止　景行行止　虽不能至　心向往之

——《诗经》

尽管脚下的大路(景行)已经到了尽头，但远望那高耸入云的巅峰，心中的向往却永远无法舍弃。

在这高山面前，人显得那么的渺小、无力；但是，如果我们每一个人的心能向往之——哪怕仅仅是向往，世界就真的会因这一股股“向往”的力量而悄悄地改变。

★一切重来

[明]袁了凡："从前种种，譬如昨日死；以后种种，譬如今日生！"

——《了凡四训》

【背景介绍】

袁了凡是明朝人，名黄，原字学海，后更字了凡。

袁了凡小的时候，家人曾请了乡里的一位孔先生为他算命。这位孔先生得到了历史上著名的算卦大师——邵康节的真传，因此给人算命算得非常准。孔先生把袁了凡的一生都做了详尽的预测，包括他何时榜上有名，何时成家，有几个孩子，官居何职，寿命如何等等，孔先生都如数家珍。

袁了凡开始并没有在意，但随着时间的流逝，他发觉自己人生的轨迹完全遵循着孔先生的预言。在佩服孔先生的同时，袁了凡也感到了一丝悲凉——自己的一生就这样早早被人“预定”好了，这样活着还有什么意思?!

心如死灰的袁了凡到处游荡，一天来到了寺院，在这里开始他命运的转折——他遇到了云谷禅师。禅师告诉他，人的命运是随着善恶的心念而在不断改变的，人是可以把握自己的命运的!

“从前种种，譬如昨日死；以后种种，譬如今日生！”看到了希望的曙光，袁了凡激动不已，决心要痛改前非，要把握自己的命运。于是，他就依从禅师的教导，每天做一件善事，并反省自己的过错，而且还静坐念咒。

从此，袁了凡的人生轨迹就逐渐偏离了孔先生的预言：孔先生预言他科举考第三，但他却考了第一；先生预言他寿命53岁，但他却享年74岁；先生预言他命中无子，但他却得了个儿子袁俨，长大后也考中了进士。

在69岁时，袁了凡将自己一生的故事和经验总结为了《了凡四训》(又名《命自我立》)，以教导自己的儿子。此书广为流传，成为了中华传统文化精髓中不可或缺的一部分。

【随感】

弘一大师在《晚晴集》中感叹道：“强顺人情，勉就世故——八个字误却你一生大事！”袁了凡先生也说：“天下俊秀不少，所以德不加修，业不加广者，只为‘因循’二字，耽搁一生。”

对于一条在干涸水洼中挣扎的鱼，还有几个明天呢?

★圣贤禽兽

[清]曾国藩："不为圣贤，便为禽兽！"

——《曾文正公家书家训》

【背景介绍】

曾国藩(1811—1872)，谥号"文正公"，是清朝后期著名的将领，曾任军务大臣。

在历史上，曾国藩是毁誉参半、极有争议的一位传奇人物。他既是洋务运动的先驱，国家中兴的功臣，同时也是镇压天平天国起义的主角，在"天津教案"中又扮演了卖国贼的角色。所以后人评价他为"誉之则为圣相，谳之则为元凶"。

无论历史如何评价，纵观曾国藩的一生，从他的修身、治家、为人、从政等各个方面看，确实有许多品质值得后人学习。

曾国藩从小就受家庭影响，酷爱读书，并立下了"修身自爱，精忠报国”的志愿。但是由于毕竟他还年轻，进入官场后难免会随波逐流，因此他时常痛恨自己。

31岁时，他在日记中写到：“余病根在无恒，今日立条，明日仍散漫，无常规可循，将来莅众必不能信，做事必不能成，戒之！”因此为了磨炼自己的恒心，他给自己定了“十二条日课箴规”，其中包括早起、静坐、读书、读史、反省、夜不出门等等。为了坚定自己的意志，曾国藩发誓说：“不为圣贤，便为禽兽！”

曾国藩为后人留下了许多精神财富，主要收录在《曾国藩全集》中。《全集》自从1876年出版以来，又被刻印了许多次。但目前流传下来的只有其中的《曾国藩家书》。《家书》分为“修身”、“劝学”、“治家”、“理财”、“交友”、“为政”、“用人”七篇，内容丰富，一百多年来广为流传，是近代修身的必读之书。

【随感】

我们都是普通人，没有谁是圣贤，也很少有人禽兽不如。但无论是圣贤、禽兽，还是普通人，其最初的那一念心却都是一样的，正所谓“人之初，性本善；性相近，习相远”。

尽管我们现在还能够暂时以“普通人”的身份苟且偷生，但是从长远来看，“圣贤”与“禽兽”，是我们最终无法逃避的抉择。

★心忧天下

[清]左宗棠："身无半亩，心忧天下；读破万卷，神交古人。"

——《自题联》

【背景介绍】

左宗棠（1812—1885），字季高、朴存，自号"湘上农人"，湖南湘阴人，清朝后期著名的将领、政治家。

左宗棠自幼聪颖，14岁参加童子试，考中第一名，并写下了"身无半文，心忧天下；手释万卷，神交古人"的对联以铭志。左宗棠20岁中举。23岁时左宗棠新婚，他将14岁时写下的对联略加修改，贴在了洞房中："身无半亩，心忧天下；读破万卷，神交古人。"

与曾国藩一样，左宗棠也曾参加过对太平天国和西北农民起义的镇压，这在历史上也给他留下了一些阴影，但左宗棠对于国家和人民的贡献也是功不可没的。

清朝末年的“洋务运动”就是主要由曾国藩、左宗棠、李鸿章三人发起的。1866年，左宗棠在福州马尾创办船厂，从国外购买机器设备，并创办了船政学堂（求是堂艺局），培养造船和海军人才。1867年，中国第一个新式造船厂——福州船政局（马尾船政局）开工，成为了中国海军的摇篮。

左宗棠在抵御外来入侵中也功不可没。他曾击溃了阿古柏和沙俄对我国西北边境的入侵，收复了大片失地，使得各国侵略者谈“左”变色。曾国藩曾赞叹道：“论兵战，吾不如左宗棠；为国尽忠，亦以季高为冠。国幸有左宗棠也！”

1885年7月，左宗棠在福州病逝，谥号“文襄公”，享年74岁。

【随感】

当我们一无所有的时候，我们至少还拥有那一念心；当我们拥有一切的时候，其实我们也只有那一念心。左宗棠一定是在心中找到了这种力量，因而既不会被贫贱打垮，也不会被富贵迷惑。而这种力量的源泉正是“神交古人”。

这里的“古人”，未必就是远古的人，而是一种每个人都拥有的、一种内在的古朴但充满睿智的力量。

豁达篇

★楚王失弓

[春秋]楚王："楚王失弓，楚人得之，又何求之？"

——《孔子家语·好生第十》

【背景介绍】

春秋时期，一次楚王出游到云梦泽（江汉地区连绵不断的湖泊与沼泽）进行狩猎，不小心将自己心爱的宝弓丢失了。手下人急着要去四处寻找。楚王制止说："不必找了！楚王丢失的弓，终究会被楚人捡到，又何必去找呢？（楚王失弓，楚人得之，又何求之？）"

楚王在不经意之间说出的这句话，却在后世演绎出了一段又一段的有趣公案。

首先是孔子（仲尼）。当孔子听说了楚王的这段故事，感叹道："可惜楚王的心胸还是不够开阔。怎么他不说'人遗弓，人得之'，何必一定要加一个'楚'字呢？"

到了明朝末年，莲池大师在《竹窗随笔》中如此评价楚王和孔子："大矣哉！楚王固沧海之胸襟，而仲尼实乾坤之度量也。"然而，莲池大师认为孔子的话也仅仅是姑且针对楚王而言，并没有将心中广大的境界表达得淋漓尽致。莲池大师解释道：

"何也？向不能忘情于弓也。进之，则王失弓，王犹故也，无失也；假令王复得弓，王犹故也，无得也。虽然，犹未也，尚不能忘情于'我'也。又进之，求其所谓'我'者不可得，安求其所谓'弓'也、'人'也、'楚'也？"

【随感】

楚王将他的弓丢给了无垠的云梦泽，也把无尽的思绪丢给了我们。

蹉跎的岁月、逝去的青春、梦里追不回的恋人、"子欲养而亲不在"的风木之悲……这些都是生命中永远的遗恨，在清晨半梦半醒的蒙眬中刺痛着我们的心。

但如果我们用更开阔的心量、更睿智的眼光，以及更坚韧的意志来面对这一切的时候，也许就会发现：不论人世间的悲悲喜喜如何再变幻，得得失失如何再纠缠，而生命最深处的那份关怀，是从来不曾失去的。

★沧海一粟

[春秋]邹穆公:“粟之在仓与在民,于我何择?!”

——《新序·刺奢第六》

【背景介绍】

春秋时,各诸侯国的宫中都有豢养宠物的习惯。邹国的邹穆公就很喜欢养鸟。

为了保持节俭,邹穆公下令:喂鸟一律要用秕糠,不准用粟米。但是宫中的仓库里没有秕糠,只好到民间与老百姓去交换,但是要用两斤粟米才能换来一斤秕糠。掌管喂鸟的官吏觉得太“浪费”了,就向邹穆公请求直接用粟米喂鸟。

邹穆公训斥道:“你懂什么?!老百姓辛辛苦苦、流血流汗,面朝黄土背朝天地不停耕作,才收获了宝贵的粮食,难道是为了鸟吗?粟米是给人吃的上等粮食,怎能用来喂鸟?你只知打小算盘,不知大局。谚语说‘囊漏贮中’(放在米缸中的米袋子破了,米漏出来,但仍在缸中),这你难道没有听说过吗?国君是百姓的父母,国君的粮食流到了百姓的手里,怎么能叫‘浪费’呢?粟米在我的仓库里,与在百姓的口袋里,对我来说有什么区别?!(粟之在仓与在民,于我何择?!)”

【随感】

人间的一切得失,就如同一粒微小的粟米,无论如何流转,最终也逃不出那沧海的胸襟。

就比如我们被摊贩多赚了五块钱,而也许那摊贩回家后,将这多赚的五块钱给了他年幼的儿子,让他去买他渴望已久的糖葫芦,都市阴暗的角落里又传出了孩子欢乐的歌声,寒风中卖糖葫芦的老人脸上也露出了笑容。后来,当卖糖葫芦的老人推车经过地下通道时,其中的一块钱又落入到了那瑟瑟发抖的苍老乞丐手中……

如果我们真的曾经在那五块钱中倾注了关爱,那么这份关爱就会如同那一盏灯,再去点燃十盏灯,这十盏灯再去辗转点燃一百盏、一千盏,直到照亮整个世界。

★心远万里

[战国]孔穿:“人生则有四方之志,岂鹿豕也哉,而常聚乎?”

——《孔丛子·儒服》

【背景介绍】

孔穿,字子高,孔子的第六代后裔。孔穿曾经到赵国巡游,与平原君的门客邹文和季节成为了好朋友。

与知音在一起时间就是过得那么快。转眼间,孔穿就要回鲁国了。孔穿与赵国的朋友告别,踏上了归途。但是邹文和季节却一直相送,一同走了三天的路程。到了第四天,孔穿让邹文和季节回去,不要再送了。临别时,邹文和季节泣不成声,而孔穿仅仅是向他们拱了拱手,头也不回就走了。

孔穿的弟子们不解地问道:“先生您与邹文和季节的交情这么的深厚,这一别又不知何日再相会,他们都哭得泪流满面,您却好像没有任何事情，拱拱手就走了，是不是太不合人情了？”

孔穿说：“我原来以为他们俩是大丈夫，却没想到他们却像妇人一样婆婆妈妈、儿女情长！大丈夫生于天地间，要胸怀天下、志在四方，怎能如同小鹿、小猪一样终日固守在一起呢？（人生则有四方之志，岂鹿豕也哉，而常聚乎？）”

弟子们问道：“那么就是说他们的哭泣不对吗？”

孔穿说：“这两位确实是好人，很重情义；但是若从立志决断的角度来说，他们两位不足取！”

【随感】

小鹿、小猪虽能终日固守在一起，但最终难逃被宰杀的命运。

黄花岗烈士林觉民在《与妻书》中写道：“吾诚愿与汝相守以死。第以今日事势观之，天灾可以死，盗贼可以死，瓜分之日可以死，奸官污吏虐民可以死，吾辈处今日之中国，国中无地无时不可以死！到那时，使吾眼睁睁看汝死，或使汝眼睁睁看我死，吾能之乎？抑汝能之乎？”

只有心怀万里、志在四方，去求索真理，才能把握自己的命运。因此，就要有那坚韧果断的脚步，有那“夕阳山外山”的送别。

★不分彼此

[战国]卫灵公："寡人有春之善，非寡人之善欤?！"

——《新序·刺奢第六》

【背景介绍】

战国时期的一个寒冬，卫国的国君卫灵公准备要进行一项开凿水池的工程。大臣海春(原文"宛春"，疑误)劝谏道："天气如此寒冷，让百姓们来服劳役，恐怕不妥吧！"卫灵公奇怪地说："天气真的很冷吗？我怎么没有感觉呢？"海春答道："大王您身穿狐皮的衣服，坐在熊皮的垫子上，旁边又有熊熊的炉火，当然不会觉得冷；但是百姓们的衣服很单薄，鞋子也很破烂，他们可会觉得冷啊！"卫灵公说："好吧！"于是就下令停工。

这时，有人就在卫灵公耳边吹风："大王，您不知道天寒而要凿池，又因为海春知道天寒而停工。这件事要是传到老百姓的耳朵里，大家岂不要称赞海春而责备大王，如此，则功德归了海春，大王却当了恶人！”

卫灵公说：“不对！海春本来只是鲁国的一个匹夫，寡人把他提拔成了我国的重臣，百姓们一直不知道我为何要提拔他。这一次正好让百姓们知道海春的品德和才干。再者说，海春有了功德，难道不就是我的功德吗？（寡人有春之善，非寡人之善欤?!）”

【随感】

大家本来就是一体，所以无论是你是我，无论是功德还是罪恶，既然能看到、听到，就与我们有缘，就与我们的生命有极为深切的关系。既然如此，何必再分别“你的”、“我的”呢？

★如母大地

[北宋]苏轼母:“汝能为滂,我顾不能为滂母耶?”

——《东坡先生墓志铭》

【背景介绍】

苏东坡10岁的时候,母亲程氏亲自当教师,辅导他的学业。苏东坡很聪明,对于书中的是非善恶、古今成败,很快就能领会。这一天,母亲教苏东坡的是《后汉书·范滂传》。

范滂(137—169)是东汉时期著名的忠臣。他少年时就怀着澄清天下的远大志愿,长大后疾恶如仇,为官清厉,使贪官污吏们心惊胆战、望风而逃,但他也因此得罪了不少人。

166年,第一次“党锢之祸”起,范滂与李膺等人同时被捕。后来他被释还乡时,迎接他的士大夫的车有数千辆。169年,“党锢之祸”再起,朝廷再次下令捉拿他。范滂不愿意连累别人,自己到县衙投案。县令郭揖很同情他，想要弃官与他一起逃亡，但被他拒绝。

范滂入狱后被判了死罪。临刑前，他的母亲来狱中看望他。范滂劝母亲不要难过，范母说："你能与李膺、杜密等高尚的人死在一起，是你的光荣。我已经心满意足了。"

范滂从容就义，时年32岁。

…………

读到这里，苏母掩卷叹息。苏东坡望着母亲，眨了眨眼睛，问道："假如孩儿有一天也像范滂一样，母亲您会不会难过？"

苏母毫不犹豫地回答道："你能成为范滂，我难道就不能成为范滂之母吗？（汝能为滂，我顾不能为滂母耶？）"

【随感】

相对于世间的友情、爱情，母爱是最无私的，但这种无私毕竟往往仅局限于自己的孩子。而这个世界上每时每刻都有生命在逝去，每时每刻都有母亲心碎的声音。谁能像苏母这样豁达呢？人都说母爱最伟大，其实是母爱中所展现的人格才真正伟大。

尽管我们今生未必会扮演母亲的角色，尽管我们依旧会迷惑颠倒，但每个人心中隐藏的那大地般的如母之爱，却时时蠢蠢欲动，期待着展现生命的光辉。

★此心安处

[北宋]柔奴："此心安处，便是吾乡。"

——《定风波·常羡人间琢玉郎》

【背景介绍】

苏东坡的好友王定国有一个歌女叫做"柔奴"，天生丽质，聪明伶俐。

元丰二年(1079)，苏东坡惹上了著名的"乌台诗案"而被下狱，王定国也因此受到连累，被贬到了岭南的宾州(今广西宾阳)，柔奴也一同随行。

四年后，王定国被召回了京城。苏东坡前去拜访，以叙旧情。席间，王定国请出了柔奴为苏东坡斟酒。只见经过了万里风尘的柔奴不仅没有变得憔悴，而是更加年轻秀丽，笑容之中仿佛透露出南岭梅花的芬芳。

苏东坡觉得很奇怪，因为在当时的北方人看来，岭南是“蛮荒炎瘴”的偏僻边疆，在那里受了四年的苦，怎么会不憔悴呢？苏东坡就问她：“岭南的环境这么恶劣，你还习惯吗？”

柔奴宛然一笑，答道：“此心所安住之处，就是我的家。（此心安处，便是吾乡。）”

一个弱小女子竟有如此胸襟，令苏东坡大大地折服。于是，苏东坡便写下了这首《定风波》相赠：

常羡人间琢玉郎　天应乞与点酥娘

自作清歌传皓齿　风起　雪飞炎起变清凉

万里归来年愈少　微笑　笑时犹带岭梅香

试问　岭南应不好

却道　此心安处是吾乡

【随感】

无家可归的感觉是可怕的。就像在城市漂泊的打工者，从城东搬到城西，从城南搬到城北，偌大一个都市，却没有一小片真正属于自己的空间，随时可能被房东扫地出门。

人生也是一样。在找到生命的真正意义之前，人，永远是无家可归的。

而这心灵的家乡，既然柔奴能找到，我们也能。

★成败萧何

[元]马致远:“成也萧何,败也萧何。醉了由他!”

——《元曲·折桂令》

【背景介绍】

这里指的是汉朝萧何与韩信的往事。

韩信最初是投靠在项羽帐下,但不受重用,于是转而投奔刘邦。韩信在刘邦这里依然不受重视,只当了一个掌管粮草的小官。汉丞相萧何发现了韩信这个人才,极力向刘邦推荐,但没有结果。后来,怀才不遇的韩信发泄对刘邦的不满,差点被刘邦杀掉。

终于,在一个月明星稀的深夜,无法再忍受下去的韩信骑马逃出了汉军大营。萧何得知后,急忙找来一匹快马追出了一百多里,终于追上了韩信并将他劝回,并再次向刘邦举荐,使得韩信这个曾经受过胯下之辱的少年终于被拜为大将军。这就是“萧何月下追韩信”的故事。

韩信以其优秀的军事才华帮助刘邦夺取了天下，也在历史上留下了许多成语:“暗渡陈仓”、“背水一战”、“置死地而后生”,直到“十面埋伏”、“四面楚歌”,最终把项羽逼得自刎乌江。

然而,刘邦对韩信却始终怀有戒心,担心他谋反篡位。项羽死后,刘邦立即将韩信从齐王改封为楚王,剥夺了他实际的兵权,后来又借故将其贬为淮阴侯,软禁在京城。最后,当刘邦的老婆吕后想要杀掉韩信时,是萧何出谋划策,将韩信骗到长乐宫,以“谋反”的罪名杀掉。

从宋朝之后,民间就有了“成也萧何,败也萧何”的俗语。到了元朝,元曲大师马致远在后面又加上了“醉了由他”四字。

【随感】

假如,让韩信、项羽穿越时空,从千百年以后再来看自己那不堪回首的过去，是否就能超脱一点呢？当他们再遇到老冤家刘邦时,是否能“渡尽劫波兄弟在,相逢一笑泯恩仇”吗?

假如把千年之后的马致远也投放到那个时空，让他也陷入那纷乱的纠缠,他还能否洒脱地写下“醉了由他”呢？再进一步,如果换成了现在的我们,又会如何呢?

但愿我们能像洞察历史一样洞察自身，能像超越历史一样超越自身,而不要等到千年之后再来感叹。

修身篇

★上医医国

[春秋]医和："上医医国，其次疾人。"

——《国语·晋语第八》

【背景介绍】

"医和"是春秋时期秦国的名医，他与秦国的另一位名医"医缓"并称为"和缓"。医和不仅医术高明，而且精通哲学，并善于用音乐来给人治病。

公元前541年，荒淫无度的晋平公生了重病，但是在晋国找不到良医，无奈只好向秦国求援，秦国就派出了医和前往晋国给晋平公医治。

在诊视之后，医和对晋国的执政大夫赵文子说："大王的病没救了！此病并非鬼魅作祟，也不是饮食不调，而是由于沉迷于女色，心志被迷惑的'蛊病'。"

赵文子问:“何为‘蛊病’?”

医和说:“人们的食物中都含有毒气。人在白天应当亲近有德的君子,在夜晚则应当亲近有德的淑女,这样才能化解毒气;而大王生活糜烂,沉迷女色,吃饭等于在服毒,能不生病吗?晋国良臣不生,天命不佑。大王即使不死,也要众叛亲离。”

赵文子反驳道:“我与众位大臣辅佐大王已经有8年了,我们晋国现在国泰民安,诸侯们也都忠心耿耿,怎能说是‘良臣不生,天命不佑’呢?”

医和说:“我指的是未来。您身为执政大夫,却不能劝谏大王,使他贪恋女色而身染重病,你也不引咎辞职。8年已经够多了,你还想多久?!”

赵文子问:“你是一个医生,为何要干预政事?!”

医和答道:“上等的医生应该医治国家的病,其次才是医治病人。(上医医国,其次疾人。)所以医生也是一个官职。”

赵文子这时已经心服口服,问:“那您估计国君还能活多久?”

医和答道:“假如诸侯继续拥护国君当盟主,他可以再活三年;假如诸侯不支持他当盟主,他可以再活十年;他若过十年还不死,晋国一定会有灾难。”

正如医和所说的“良臣不生”,当年的十二月,赵文子就病死了。诸侯们开始纷纷背叛晋平公,晋国失去了霸主地位。十年后,晋平公病死。

到了隋唐,孙思邈在《千金要方·序例》也说道:“古之善为医者,上医医国,中医医人,下医医病。”

【随感】

个人的健康与社会、国家乃至天地万物都是气血相连、息息相关的。历史上这些伟大的名医虽然各有千秋，但他们都有一个共同点，那就是都有高尚的品格、宽广的胸怀、深邃的目光，以及深厚的人文底蕴。

古语道："虚而无形谓之'道'，化育万物谓之'德'。"或者说，所谓的"道"与"德"，就是对生命、对这世界最深刻的领悟和把握，中医的核心精髓也就蕴含在这"道"与"德"上；而经络、穴位、气血、草药等等，只不过是枝末而已。

★尤物移人

[春秋]叔姬:“夫有尤物,足以移人;苟非德义,则必有祸。”

——《左传·昭公二十八年》

【背景介绍】

晋羊叔姬是春秋时晋国大夫羊舌子的夫人，她以其智慧和远见而留名青史。她的儿子叔向(羊舌肸)也是晋国的名臣。

当时的晋国有一个美女巫臣氏,是夏姬与申公巫臣的女儿。

夏姬是历史上一个充满传奇色彩的风流美女。据说她到四十多岁的时候还能够将男人们迷得神魂颠倒,可谓“永葆青春”;但凡是与她有染的男人不是死于非命,就是亡国败家,没有一个有好下场。夏姬一生辗转多国,“杀三夫一君一子,而亡一国两卿”。最终,夏姬与申公巫臣定居晋国,生下了女儿巫臣氏。

叔向想要娶巫臣氏为妻,遭到了母亲叔姬的反对。叔姬对儿子说:“有奇福者,必有奇祸。你看看夏、商、周三代,哪一代的灭亡不是源于女色?历史上这样的教训太多了。绝色的美女足以动摇人的志向，扰乱人的理智；如果没有深厚的道德作为承载的基础，那么必定就会灾祸降临。（夫有尤物，足以移人；苟非德义，则必有祸。）”

叔向听了母亲的话，也不敢娶巫臣氏。

但是不想命运捉弄人，后来不知为何，晋平公偏偏下令强迫叔向娶巫臣氏。君命难违，叔向娶了巫臣氏，生下了儿子伯硕。

伯硕降生后，叔姬前来看望孙子。还没有进屋，叔姬就在大堂上听到了伯硕的啼哭声。叔姬说：“这是豺狼的声音！狼子野心，我们羊舌氏肯定毁在他的手里！”说完，老太太看也不看孙子一眼，转身就走了。

果不出叔姬的预料，伯硕长大后伙同他人作乱，惹来了大祸。晋顷公十二年（前514），羊舌氏家族被灭。

“尤物移人”这句话被认为是历史上“红颜祸水论”的最早起源。而历史上这些“祸国殃民”的美女，其实她们自身的命运大都是很悲惨的，因此民间又有“红颜薄命”的说法。于是，“祸水”和“薄命”两种论调就开始了千年的争论。

【随感】

《易经》讲：“厚德载物。”

男人没有“厚德”，被美色迷惑而招祸；女子没有“厚德”，无力承载自己的美丽而薄命。这都是人世间共同的悲哀，同是天涯沦落人，何必再争执呢？

在一个真正广大慈悯的胸怀之中，是不会舍弃任何一个众生的——哪怕她真的是“祸水”！慈光可融化冰雪，精诚可贯穿金石；刀箭可以化为花雨，毒药可以化为甘露。方寸之心可以承载一切大地众生，更何况是一个小小的“尤物”呢！

★亡国之声

[春秋]师旷:“此亡国之声,不可听!”

——《左传·襄公十八年》

【背景介绍】

师旷(前572—前532),春秋时期晋国的宫廷乐师。

师旷自幼双目失明,但对声音的辨别力非常好。据《左传》记载,他能从远方传来的鼓号声中判断出敌军是否强大。师旷的琴艺更是超乎寻常。传说当他弹琴时,正在吃草的马儿会停下来侧耳倾听,鸟儿也会迷醉,以至于失落了口中的食物。师旷留下的作品有《高山》、《流水》、《阳春》、《白雪》、《玄默》等。

晋平公新修的宫殿落成,邻国的卫灵公前往晋国祝贺,中途在濮水岸边住宿。夜半十分,卫灵公突然听到阵阵美妙的琴声徐徐飘来,他问身边的人,其他人却什么都没有听到。卫灵公急忙找来了自己的乐工师涓，师涓也听到了，卫灵公就让师涓将这美妙的琴声记录了下来。

卫灵公来到了晋国，与晋平公开怀畅饮。席间，卫灵公对晋平公说："我新近得到了一首美妙的乐曲，愿献给您。"于是，卫灵公就命师涓弹奏起在濮水岸边记录到的乐曲。

刚弹到一半，师旷就冲过来一把按住琴弦，大声喊道："此亡国之声，不可听！"晋平公问道："你是怎么知道的？"

师旷说："这是当年使得商纣王亡国的'靡靡之音'，是纣王的乐师师延所作。纣王被周武王推翻，师延知道自己助纣为虐、罪责难逃，就抱着琴跳入濮水自尽。这曲子肯定是来自濮水。"

师涓佩服得五体投地："对，这曲子确实来自濮水！"

但是晋平公还是不相信音乐有这么大的力量。师旷当场演奏了一曲"清徵"，结果飞来了许多仙鹤在宫廷前翩翩起舞。

晋平公问："有没有更动听的曲子？"师旷说："有一曲'清角'，是当初黄帝在泰山上招集鬼神时演奏的。您的德行不够，无法承受，听了可能会有危险。"但是好奇的晋平公一再要求，师旷不得已就弹奏了起来。

好家伙！这一弹可不要紧，霎时间，天昏地暗，飞沙走石，宫殿上的瓦片都哗啦啦往下掉，满堂宾客都吓得抱头鼠窜。晋平公躲在柱子后面声嘶力竭地喊："快停下，快停下……"晋国从此三年大旱，赤地千里。晋平公终于领教了音乐的力量。

司马迁在《史记》中对这段历史评述道："听者或吉或凶，夫乐不可妄兴也。"

【随感】

可怕的“亡国之声”其实也是很“动听”的。我们被一首歌曲所陶醉，只是说明我们的心已经被它所牵引，至于它将我们引向的是天堂还是地狱，那就不得而知了。

词曲作者和歌手是能将自己的品格“加持”到他们的歌声中的，所以选择什么样的音乐，也就意味着选择了什么样的命运、什么样的人生。

★先择后种

[春秋]赵简子:“故君子先择而后种也!”

——《韩诗外传·卷七》

【背景介绍】

阳货(又称阳虎)是春秋时鲁国人,经过他培养、推荐的人才遍布天下。

有一次,阳货因为犯罪被人追捕,四处碰壁、无处容身,只好逃到了北边的晋国。阳货见到了晋国的宰相赵简子,阳货愤愤地抱怨说:“从今以后,我再也不培养人了!”赵简子问:“这是为何?”

阳货说:“如今,坐在公堂上判案的人当中,有一半以上是我培养的;朝中的大夫、驻守边境的将官,也都有一半以上是由我荐举的。可是现在我有难了,堂上之人却在国君面前说我的坏话,朝中之士要用刑罚来恐吓我,边境之将派军队来抓捕我。我痛心啊!”

赵简子说:“先生的话偏颇了！打个比喻:你若种下桃李,不仅夏天可以在它们的树荫下乘凉,到秋天还可以收获果实;但你若种下的是蒺藜,夏天你既不能在它们那里乘凉,到秋天它们还会长出许多伤人的刺。关键在于选什么样的种子。现在看来,你所培植的种子不对。所以君子一定在播种前谨慎地挑选种子。(故君子先择而后种也！)”

在韩婴的《韩诗外传》和刘向的《说苑·复恩》中对此典故都有记载,故事相同,话语类似,但是时代和人物略有不同。历史真相到底如何,还有待进一步的考证。

【随感】

古语道:“因地不真,果遭纡曲。”如果在做事时所播下的“种子”不清净,那么将来所得到的后果也会有纠缠不清的问题。这“种子”就是指我们的用心和动机。

阳货在历史上是劣迹斑斑。当初他“培养人”,其目的也不过是为了实现他的狼子野心。物以类聚,奸诈的心必定招来奸诈的人。与其说阳货是选错了人,不如说是他在自己的心里,就早早地播下了荆棘的种子。

★诚敬人生

[春秋]胥臣："敬，德之聚也。"

——《左传·僖公三十三年》

【背景介绍】

这句话源于历史上"白季举冀缺"的著名故事。

"白季"是指春秋时期晋国的大夫胥臣。他字"季子"，因为被封于一个叫"白"的采邑，所以又被称为"白季"。"冀缺"是指冀国的郤缺，其父亲郤芮因为结党作乱被晋文公诛杀，郤缺被赶回到冀国种地。

一次，胥臣外出时路过冀国，远远看见郤缺正在田间锄草。郤缺的妻子来送饭，两人相敬如宾。于是胥臣就带着郤缺一起回到晋国，并向晋文公推荐郤缺："敬，是道德的集中体现。（敬，德之聚也。）有敬，必然有德行；有德行，才可以治理国家。请国君任用郤缺！”

晋文公说：“他的父亲是被我诛杀的罪人，我怎能任用他呢？”

胥臣回答：“舜处死了有罪的鲧，却提拔了他的儿子禹，完成了治水大业。齐桓公不记前仇任用管仲，因而完成了霸业。《康诰》中说：‘父不慈祥，儿不诚敬，兄不友爱，弟不恭敬，各负其责，各不相干。’对于人才，您要取其长处。”

于是，晋文公任命郤缺为下军大夫。后来，郤缺为晋国屡立战功，被升为中军大夫，晋文公赏赐胥臣彩帛三百匹，以奖励他的慧眼识英雄。

【随感】

俗话说：“诚于中而行于外。”

内心的真诚表现在外面，自然就是恭敬与尊重，外在的礼仪也是对内心的一种训练和熏陶。中国素称“礼仪之邦”，但是随着时间的流逝，人们往往淡忘了礼仪的根本内涵——真诚，而失去了内涵的礼仪自然就会变成了虚伪的客套。

★投河而酿

[春秋]蹇叔："一杯可以投河而酿也。"

——《夜航船·卷十·兵刑部》

【背景介绍】

蹇叔是秦国忠心耿耿的老臣，曾经留下了"蹇叔哭师"的著名故事。

这里的故事则是发生在公元前645年秋，忘恩负义的晋惠公趁秦国发生荒旱之机，发兵攻秦。秦穆公率军抵御晋兵入侵，双方在韩原（今山西韩城西南）展开大战，结果晋军惨败，晋惠公被俘。

秦军凯旋而归，来到了黄河岸边。这时候秦穆公想要犒赏三军，但发现此时军中只有一杯醪酒（秦国的一种美酒）了。就在秦穆公发愁的时候，大臣蹇叔建议说："虽然只有一杯美酒，但是可把它倒进黄河，这样整条黄河不就都成美酒了吗？（一杯可以投河而酿也。)”

于是,秦穆公将仅有的一杯美酒洒进了黄河,三军将士沿着河岸争相取饮。虽然河水中几乎完全没有了酒的味道,但酒不醉人人自醉,现场这热烈的气氛使所有人都被陶醉,军队士气大振。

【随感】

生命的内涵与色彩本来就如大海一般的深广丰富，一旦心胸真正打开,小水滴就会在一刹那之间,真正变幻成了波澜壮阔的海洋。

同样的，每个人都孕育着光明的潜质，如同一盏尚未点燃的灯。如果用自己的灯去点亮别人的灯,灯灯互递,辗转不息,而自己的光明并不会因为点亮他人而熄灭，反而会在光光互照中变得更加明亮。

★物以类聚

[战国]淳于髡:“夫鸟同翼者而聚居,兽同足者而俱行。”

——《战国策·齐策》

【背景介绍】

淳于髡(前386—前310),战国时期著名的说客、谋士,是齐国入赘的女婿,被齐威王用为客卿。此人身材矮小,博闻强记,能言善辩,谈吐诙谐。

齐宣王继位之后,广向天下招贤纳士。一天上朝,淳于髡一下子就向齐宣王推荐了七个贤士。

齐宣王不解地问:“我听古人说,如果千里之内能有一个贤士,那天下的贤士就算得上并肩而立了;若是百代之中能出一位圣贤,那也算是接踵而至了。可见天下的贤士是多么的稀少难得。可是你一天就找来了七个贤士,那天下的贤士岂不是太多了?”

淳于髡回答:“不然。羽翼相同的鸟在一起居住,脚爪相同的兽在一起行走。(夫鸟同翼者而聚居,兽同足者而俱行。)天下同类的事物总是聚集在一起。我淳于髡可算得上是贤士了,所以大王让我推荐贤士,就如同到河里汲水、去燧中取火一样容易。哪里只有七个?我还将再向大王引荐贤士!”

听到淳于髡幽默的比喻,齐宣王不禁笑了起来。

后来,人们根据这一段故事,并结合《周易·系辞上》中“方以类聚,物以群分,吉凶生矣”的词句,演变出了“物以类聚,人以群分”的俗语。

【随感】

曾有一个饭馆老板连续招聘了好几个员工,但他发现招来的人都有类似的毛病,无奈之下只好辞退重招,可总不能满意。终于有一天,他在偶然之间惊讶地发现自己也有同样的毛病,于是下决心改掉,后来果然就招到了满意的人。

“物以类聚”——这使我们能通过他人来看清自己、反省自己,也使我们能够将心比心,对他人更加地体谅与宽容。

★舟中敌国

[战国]吴起："若君不修德，舟中之人尽为敌国也。"

——《史记·孙子吴起列传》

【背景介绍】

吴起(前440—前381)，卫国左氏(今山东定陶)人，战国时期著名的军事家、政治家。著有《吴子兵法》，史称与《孙子兵法》齐名。

吴起开始在鲁国为将，屡立战功，但是受到陷害而逃往魏国，辅佐魏武侯。

有一次，魏武侯沿着西河(陕西、山西之间的黄河)顺流而下。魏武侯望着河两岸高耸的悬崖峭壁，回过头来兴奋地对吴起说："壮美的山河是多么险固！这是我们魏国的宝贝啊！"

吴起说："国家的巩固在于德政，而不在于山川的险要。"

于是，吴起向魏武侯说起了历史上的三苗氏、夏桀王、商纣王等人。历史上这几个暴君所在的国土都有高山大河作为天险屏障，但是由于他们不修德政，荒淫无道，最终都以败亡告终。

吴起对魏武侯提醒道："您若是不修德政，恐怕就是这条船上的人都可能成为您的敌人了！（若君不修德，舟中之人尽为敌国也。）"

魏武侯一听很高兴，任吴起为河西郡守。在此期间，吴起为魏国拓展了大片疆土。魏武侯死后，吴起再次受到陷害，逃到楚国，后被楚国的旧贵族杀死。

吴起的一生可以说是劣迹斑斑：他年少时就杀死了三十多个讥笑自己贫穷的乡亲；为了追求名利，母亲重病他也不回家探望；为了取得鲁王的信任而去带兵攻打齐国，他竟然杀死了自己齐国的妻子……他一生辗转多国，所到之处尽是"敌人"，受尽了陷害，最终死在乱箭之下。

难怪《史记》写到此处，司马迁一声长叹："悲夫！……"

【随感】

每个生命本来都是血脉相连的赤子，但就因为那一念的迷惑，莫名其妙地互相成为了"敌人"。

每个人的内心都隐藏着一个自私的"我"，那是生命中一个永不愈合的毒疮。如果谁要是不小心触碰到这毒疮——即便是骨肉至亲——也要反目成仇，燃起仇恨的熊熊火焰。

★精诚所至

[西汉]扬雄："至诚，则金石为开。"

——《西京杂记·卷五》

【背景介绍】

扬雄（前53—18）是西汉后期著名的文学家、思想家。他的这句话是在评述当年"飞将军"李广射石虎的故事。

李广（前186—前119），西汉初期著名的大将，骁勇善战，精于骑射。据《西京杂记》记载，李广经常和兄弟一起到冥山脚下去狩猎。一次他在打猎途中，忽然见草丛中伏着一只猛虎，李广一箭就射了过去。但是等走过去一看，原来那只是一块形状像老虎的石头而已，而那支箭则几乎完全射入了石中。李广很惊奇，使出全身力气，再次拉弓射箭，但当箭再次射到石头上时，有的箭头碎了，有的箭杆折了，坚硬的岩石却丝毫无损。此事在《史记·李广列传》中也有记载。

“李广射石虎”事件在当时的社会引起了不小的震动。直到一百多年后，还有人就此事问起了大学者扬雄。扬雄回答说：“如果诚心实意到了极点，就连像坚硬的金石也会被感动的。（至诚，则金石为开。）”

直到后来，唐朝诗人卢纶的《塞下曲》还在赞叹李广的这一段传奇：

林暗草惊风，将军夜引弓。

平明寻白羽，没在石棱中。

无独有偶，其实早在春秋时期，楚国人熊渠子就有过类似的经历——在黑夜之中将箭射入了坚硬的顽石。所以刘向的《新序》中说：“熊渠子见其诚心，而金石为之开，况人心乎？”到了《后汉书》中，熊渠子的故事则被浓缩为了“精诚所至，金石为开”。

【随感】

古语说：“制心一处，无事不办。”李广和熊渠子当时心中只有“射虎”这一个纯净的念头，没有别的什么患得患失、疑神疑鬼的杂念，所以激发出了贯穿金石的巨大力量。

虚空非大，心王为大；金刚非坚，愿力最坚。也许今天我们的心不再如古人那样专注勇猛，也许我们的至诚可能无法贯穿金石，但至少能感动另一颗有血有肉的心吧！

★上善若水

[西汉]郑崇:“臣门如市,臣心如水。”

——《汉书·郑崇传》

【背景介绍】

西汉末年的汉哀帝刘欣是一个昏庸无道的皇帝，沉醉于酒色和同性恋。而就在汉哀帝统治的黑暗时期,却出现了一位“心静如水”的忠臣——郑崇。

郑崇在朝中任尚书仆射,经常仗义执言。汉哀帝开始还能接纳郑崇的劝谏。每当听到郑崇的脚步声,汉哀帝就笑着说:“我识郑尚书履声!”

汉哀帝开始还算得上是一个求上进的有志青年，但在荒淫的宫廷之中,他终于没有“出淤泥而不染”。与上一个皇帝汉成帝一样,汉哀帝也染上了同性恋的习惯。汉哀帝有一个著名的男宠——

董贤，汉哀帝经常与他同床共枕，还任命他为光禄大夫，甚至一度想要将皇位“禅让”于他，只是由于大臣们的极力劝阻才作罢。

看着皇帝一步步地走向堕落，郑崇心急如焚。他再次直言劝谏汉哀帝不要对董贤过度地宠爱，但这时的汉哀帝已经远非当初了，他不仅听不进郑崇的劝告，心里还非常怨恨郑崇。这时，一向与郑崇不和的尚书令赵昌趁机进谗言，污蔑郑崇与族人串通要谋反。

汉哀帝怒气冲冲地责问郑崇：“你家门庭若市，看来与你串通的人还不少。你有什么资格来批评我？”

郑崇义正词严地回答：“臣的门庭有如闹市，但臣的心清净如水。（臣门如市，臣心如水。）臣问心无愧，愿意接受审查！”

但是昏庸的汉哀帝哪有心思去仔细审查，就在盛怒之下将郑崇杀了。在杀了郑崇后不久，汉哀帝也就一命呜呼，年仅26岁。

【随感】

水清净纯洁，通透明澈。水慈悯万物，滋润苍生。水没有僵化的形状，随顺环境，在方为方、在圆为圆，无孔不入，潇洒自如。水看似柔弱，但却能水滴石穿，能汇成排山倒海的巨浪。水总是处在最低下的地方，包容吸纳着任何一股涓涓细流，却有“青山遮不住，毕竟东流去”的磅礴气势。

我相信，一个具足水的品格的人，是能够洒脱地面对人世间任何苦难和灾祸的。

★山间桂树

[东汉]陈季方："桂树焉知泰山之高，渊泉之深？"

——《世说新语·德行第一》

【背景介绍】

陈季方是东汉名士陈寔的儿子。

陈寔（104—187）是东汉时期著名的学者，虽然官职不高，但他因其高尚的品格而享有崇高的威望，是当时“太学生”们的领袖。按照民间“贤人上应星象”的说法，传说陈寔若有什么大的举动，朝中掌管天文历法的官员就能观察到星象的变化。

有一次，一个小偷躲到了他家的屋梁上，准备到夜间行窃。陈寔发觉了，却不动声色，而是把儿孙们叫到屋里，教育他们要堂堂正正做人，而不要像“梁上君子”那样养成了恶习。趴在梁上的小偷听了很受感动，跳下来向他请罪。

166年，“党锢之祸”发生，太学生们纷纷入狱。陈寔由于反对奸臣，也被划到黑名单里。有人劝他逃走。陈寔却说：“我若逃了，我狱中的学生们就失去了主心骨！”他说完就去京城投案，进了监狱。

“党锢之祸”平息之后，陈寔隐居乡间。朝中又几次请他回去做官，都被他婉言拒绝。陈寔83岁去世的时候，万人空巷，无数的百姓和官员都来为他送行。

后来，曾经有人带着讥讽的口吻来问陈季方：“你的父亲陈寔到底有什么功德，而受到天下人如此的尊重？”

陈季方回答说：“我的父亲就如同一棵长在泰山角落里的桂树，上有耸入云端的万丈山崖，其下有不可测量的深渊。这棵桂树，从上接受了甘露的滋润，从下汲取了渊泉的润泽。在这个时候，桂树哪里知道泰山有多高、渊泉有多深呢？（桂树焉知泰山之高，渊泉之深？）所以，我不知道我父亲到底有没有什么功德！”

【随感】

所谓“功德”，就是一念“无我”的智慧。就如同这天地间的阳光雨露，化育万物、滋润万物，却从来不求回报，也从来不居功自傲，更从来不执著于“我”的存在。否则，只能称为“福德”。

“福德”仅仅能带来暂时的快乐，而只有“功德”才能带来永恒的希望和解脱。

★知耻迁善

[东汉]王烈："既怀耻恶，必能改善。"

——《后汉书·独行传》

【背景介绍】

王烈(141—218)，东汉时期太原人。尽管他一生没有做过高官，只是一个普通的商人，但是其忠义廉洁的品格却留名青史。

王烈从小就以忠义闻名乡里。一次，乡里有人偷牛被抓。偷牛的人请罪说："我宁愿受国法的制裁，但请你不要让王烈得知此事！"王烈听说了这件事，就立刻派人向失主谢罪，请他宽恕偷盗者，而且送给了偷牛的人一匹布。人们问王烈为什么要这么做，王烈回答："这个人做了错事怕我知道，这说明他还有羞耻之心。既然怀有耻恶之心，必然能弃恶从善。(既怀耻恶，必能改善。)我这么做正是为了勉励他！"

不久，乡里的一位老人不小心在路上遗失了一把宝剑，路边有一个人捡到了，就一直在原地守候，等着失主来认领。黄昏时分，老人回来重新得到宝剑，心中非常感激。而那个守候者正是那个偷牛的人。

王烈的品格感化了乡里，邻里们有什么纠纷都找王烈来定夺。后来，朝廷选拔孝廉，各级官府都征求王烈，可他全都拒绝了。

黄巾起义后，天下大乱，王烈避乱来到了辽东，当地的百姓也对他非常敬重。辽东太守公孙度以大礼接待他，向他请教天下大事，希望他能做长史，但王烈只愿做一个普通商人，从而避免了被卷入官场的漩涡。曹操也曾想征求他做官，仍是也没有成功。建安二十四年，王烈在辽东逝世，终年七十八岁。

【随感】

如果一个人干坏事时还遮遮掩掩，这虽然有些虚伪，那至少还说明他知道自己干的不是好事，至少还说明社会舆论对人的行为还有一定的约束力。而当人们做坏事时不仅不遮掩还“真诚”地炫耀，那就意味着人心的彻底沦丧，社会道德的彻底崩溃。

这一念羞耻之心，正是个人与社会的生命线。

★好德好色

[三国]阮女:“君好色不好德,何谓皆备?”

——《世说新语·贤媛第十九》

【背景介绍】

许允是三国时期的魏国人,他有一个很丑的妻子——阮女,是历史上著名的四大丑女之一(另三位是远古的嫫毋、战国时齐国的王后钟离春、东汉时的孟光)。

许允和阮女的婚姻是父母包办的。婚礼上,当许允揭开阮女的盖头时,被吓了一大跳——世上居然有这么丑的女人!婚礼结束后,许允不想进洞房,而想往外跑,阮女就一把拽住了许允的衣裳角。

许允一边挣扎一边说:“妇人要有四德,你有几德?”四德即:妇德、妇言、妇容(容貌)、妇功(纺织)。

阮女回答："我所缺的，只是漂亮的容貌而已。那我问你，读书人应当有许多好的品行，你又占了几条？"

许允答道："我条条皆备！"

阮女说："各种品行中以德行为第一。你只爱女人的美色，却不爱女人的德行，又怎能说条条皆备呢？（君好色不好德，何谓皆备？）"

许允一听，觉得此女非同一般，就对她另眼看待。随着相互了解的加深，许允愈发觉得这"丑女"的可爱，两人成为了恩爱夫妻。许允一生得到了阮女巨大的帮助。

魏明帝时，许允受到皇上的怀疑，阮女叮嘱许允与皇上对话的时候要以理服人，帮助许允躲过了一场杀身大祸。后来，许允被晋景帝所杀，晋景帝又派人来探察许允孩子的情况，也是阮女凭借着大智大勇，指导孩子们如何机智应对，才得以保全了孩子们的生命。

【随感】

"好色"本身并不是错，但是假如只"好色"而不"好德"，那么就如同将自己的性命交给别人去赌博——因为在那张美丽脸孔的背后，可能是天使，也可能是魔鬼。

★不舍小善

[三国]刘备:“勿以善小而不为,勿以恶小而为之。”

——《三国志·蜀书·先住传》

【背景介绍】

三国后期,刘备的蜀汉就逐渐走下坡路了。先是关羽中了吕蒙的“白衣渡江”之计,大意失荆州、走麦城,最终被害;然后,是张飞为关羽报仇,因为途中酗酒打人,结果被手下人杀害。接二连三的打击使刘备悲愤交加。他不听大家的劝阻,执意带领大军讨伐东吴,要为关羽、张飞报仇,结果由于鲁莽冒进,被东吴大将陆逊杀得大败。

兵败的刘备退回到白帝城,一病不起。在弥留之计,刘备把江山和儿子刘禅都托付给诸葛亮,史称“刘备托孤”。在遗诏中,刘备嘱咐后主刘禅:“勿以善小而不为,勿以恶小而为之。”

刘备的这句话是希望刘禅能够注意品德的修养，以巩固千秋大业。但无奈刘禅毕竟是个“扶不起的阿斗”。诸葛亮死后，由于刘禅的昏庸无能，蜀国很快就被魏国吞并。

也有史学家认为，这句话与其说是刘备对儿子的训诫，不如说是对自己的反思和忏悔——刘备仅仅是为了报兄弟的私仇，就不顾百姓死活、不顾国力日衰，一意孤行攻打东吴，这恐怕不能说得上是“善”。也许在临死之前，看到落得了如此下场，刘备真的有些醒悟。

【随感】

丰子恺先生在《缘缘堂随笔》中说道：“顽童一脚踏死上百只蚂蚁，我劝他不要，并非爱惜蚂蚁，或是供养蚂蚁，只想着一点残忍心扩而充之，将来会成侵略者用飞机载着重磅炸弹去虐杀无辜平民。”

脚踩蚂蚁的那一念心，也就是投下炸弹的那一念心；而蚂蚁求生的那一念心，也就是炸弹下惊慌平民的那一念心。这一念心，正是生命中难以承受之轻。

★心之主宰

[元]许衡:"梨无主,吾心独无主乎?"

——《元史·列传四十五》

【背景介绍】

许衡(1209—1281)字仲平,元代著名的思想家、教育家,人称"鲁斋先生",原籍怀州河内(今河南沁阳),曾任京兆提学、集贤殿大学士兼国子祭酒等职。皇帝赠赐许衡为荣禄大夫、司徒,死后谥号"文正"。

金天兴二年(1233),蒙古大军兵临城下。年仅24岁的许衡与众人逃难经过河阳。天气炎热,大家十分口渴,见路旁有梨树,都争相采摘梨子吃,唯独许衡泰然自若地端坐在树下。有人问他为什么不摘梨,他答道:"不归自己所有的,不可以拿取。"那人说:"如今世道大乱,这梨子恐怕已经没有主人了。"许衡答道:"梨子没有主人,难道我们的心也没有主人吗?(梨无主,吾心独无主乎?)”

许衡为官刚直不阿,不附权势,八次被召入朝做官,又八次辞归故里,躬耕桑农。许衡的一生以从事教育为乐。其所到之处,无论男女老幼、士农工商,无不被他的言传身教和人格魅力所感动。

【随感】

这一次摆在眼前的,是个梨子;而下一次在眼前闪闪发光的,可能就是国库中的万两黄金。这次做不了主,下次就能做主吗?生死祸福,地狱天堂,也就是在心中那微细的一念之间。

今天,匆匆忙忙的我们,终日睁大眼睛竖起耳朵,收集着来自四面八方的各种资讯,但有谁曾经真正静下来反观自己的心呢?霓虹灯下,是茫茫的人海,是喧嚣的都市。可听到远方,那个古老的声音依旧在问:“汝心可有主乎?”

勤俭篇

★节俭召德

[春秋]御孙："俭，德之共也；侈，恶之大也。"

——《左传·庄公二十四年》

【背景介绍】

春秋时的鲁庄公二十四年，鲁庄公为了祭奠先人，命人在宗庙的柱子上涂上红漆，并雕刻精美的花纹。

尽管这点小小的花费对于一国之君来说根本算不上什么，但是鲁国的御孙认为这不合礼法，劝谏说："先人们都是以节俭为共同的美德，而都以奢侈为大恶。（俭，德之共也；侈，恶之大也。）先人们累积了共同的美德，您这种奢侈的做法却是向其中注入了大恶。万万不可啊！"

到了宋朝，宰相司马光（1019—1083）将御孙的这句话引用到了自己著名的《训俭示康》中，以告诫自己儿子要勤俭。

司马光解释说:“御孙曰:‘俭,德之共也;侈,恶之大也。’共,同也,言有德者皆由俭来也。夫俭则寡欲:君子寡欲,则不役于物,可以直道而行;小人寡欲,则能谨身节用,远罪丰家。故曰:‘俭,德之共也。’侈则多欲:君子多欲则贪慕富贵,枉道速祸;小人多欲则多求妄用,败家丧身;是以居官必贿,居乡必盗。故曰:‘侈,恶之大也。’”

【随感】

古人当中哪怕最奢靡的生活方式，也远远无法与现代普通人相比。养活一个现代人的资源可以养活几十个古人。

纣王在登基后就用美玉为自己做了一双筷子，开始了奢华的生活,直到国破身丧。因此历史上有“一双筷子亡天下”的说法。那么今天我们手中的一次性筷子，是不是比纣王的玉石筷子更加可怕呢?

★筚路蓝缕

[春秋]栾书："筚路蓝缕，以启山林。"

——《左传·宣公十二年》

【背景介绍】

栾书（？—前573），又称"栾武子"，春秋时期晋国的大夫。

晋景公三年（前597），栾书仅仅还是军中的一名副将。这时郑国正被楚国围攻。郑国派人来劝说晋国出兵攻打楚国，说："如今楚国突然获胜，必然骄傲懈怠，而楚军的士兵都很老，而且因为没有防备，如果晋国偷袭楚国，我们郑国做配合，里应外合，楚军肯定失败！"

晋国的很多将领主张攻打楚国，认为这是消灭楚国、臣服郑国的良机。但是栾书却认为应该退兵。他说：

"楚国这些年来艰苦奋斗、励精图治。楚王经常告诫军队胜利后不可放松警惕；对百姓，楚王则经常告诫道：‘民生在勤，勤则不匮。’楚王还经常让人民回想过去楚国的先民艰苦创业时的情景，先民们驾着简陋的车，穿着破烂的衣服去开辟山林。（筚路蓝缕，以启山林。）楚王让人们时时刻刻不要忘记：只有经过了这样的艰苦创业，才有楚国的今天。”

栾书接着说：“如此看来，楚军既不骄傲，也不懈怠，防备充足，士气正旺。我们去攻打楚国，没有任何优势可言。郑国怂恿我们出兵，完全是出于他们郑国的利益。我们不要上当！”

但是晋景公没有听从栾书的劝诫，还是贸然出兵攻打楚国，结果惨败而归。

【随感】

笔者写这段文字的时候，央视正在播放着《铁色高原》。在《钢铁的心》的歌声中，四十多年前修建成昆铁路的艰苦岁月又呈现在眼前。今天，当列车穿行于这崇山峻岭之间，可知经过的每一个隧道、每一座桥梁，都凝聚了多少人的血汗乃至生命。

从遥远的祖先到我们的父辈，再到现在我们身边每个普通人，正是这一代代人的艰苦创业，才支撑起我们脚下的大地，支撑起今天这繁华的世间。不知人们心里是否升起了敬重，是否升起了感恩。

★返璞归真

[战国]颜斶(chù):"夫玉生于山,制则破焉,非弗宝贵矣,然夫璞不完。士生乎鄙野,选而禄焉,非不贵也,然形神不全。"

——《战国策·齐策四》

【背景介绍】

颜斶是战国时期齐国的名士,学识渊博,品德高尚。齐宣王久仰颜斶的大名,想要拜他为师,于是就召他进宫。

颜斶来到了宫殿的台阶前就停下了脚步,齐宣王喊道:"颜斶,过来!"颜斶没有上前,反而向齐宣王喊道:"大王,过来!"

齐宣王一脸的不高兴。左右的大臣指责颜斶:"大王是君,你是臣,你怎能命令大王呢?!"颜斶答道:"我走过去,说明我贪恋权势;大王走过来,说明他礼贤下士。"

齐宣王问:"到底是国君尊贵,还是贤士尊贵?"

颜斶答道:“当然是贤士尊贵。”

“有何根据?”

颜斶说:“秦国攻打齐国的时候,秦王曾下过两道命令:一、谁敢在柳下季(鲁国大夫)坟墓五十步以内砍柴,是不赦的死罪!二、谁能砍下齐王的头,就封万户侯,赏金千镒。——一个活君主的头,竟然连一个死贤士的坟墓都不如。”

齐宣王心服口服,叹道:“我今天才算是明白了什么是君子,什么是小人!我愿向先生学。先生您就跟着我吧!我保证您吃的是山珍海味,乘坐豪华的车辆,家人也都衣着华丽。”

颜斶说道:“玉,原产于山中,但一经加工就会破坏其天然的本色,虽然依旧很贵重,但已经不完整了。贤士生在穷乡僻壤,如果进入了官场,不能说不显贵,但他的内心境界与外在风貌都会受到破坏。(夫玉生于山,制则破焉,非弗宝贵矣,然夫璞不完。士生乎鄙野,选而禄焉,非不贵也,然形神不全。)”

齐宣王和大臣们都听傻了……欲知后事如何,且听下回分解。

(未完待续)

【随感】

回归了自己的“璞”和“真”,也就是找到了自己的“本来面目”,找到了人生的意义。

颜斶回乡过俭朴的生活,并不能说他已“返璞归真”,但他脱去了名利的拖累,才能有更多的时间精力去踏上“返璞归真”的征途。

★清福难享

[战国]颜斶："愿得归，晚食为当肉，安步以当车，无罪以当贵，清静贞正以自虞(娱)。"

——《战国策·齐策四》

【背景介绍】

(续上篇)……上回书说到，颜斶向齐宣王举了玉石的例子，说明了官场对于士人身心的摧残。进一步，颜斶向齐宣王告辞道：

"希望大王让我回去。我每天晚点吃饭，就能吃得更香，就算是吃肉了；每天勤散散步，就算是坐车了；尊德守法，没有罪过，就算是显贵了；一身正气，清净安闲，自得其乐。(愿得归，晚食为当肉，安步以当车，无罪以当贵，清静贞正以自娱。)仗义执言，是我的责任；而至于能不能接纳进言，是大王的事情。现在，我该说的都已经说了，我的责任已经尽到了。请大王允许我返回家乡。"

说完，颜斶拜了两拜，告辞而去。

《战国策》的作者刘向在记述完这一段历史后，对颜斶赞叹道："斶知足矣！归反于朴，则终身不辱也。"

【随感】

俗话讲："洪福易受，清福难享。"

传说古时候有一个人见到了天神，向天神祈求洪福，天神爽快地答应了；但是当他祈求享几天清福时，天神却无能为力。

"洪福"是外在的物质，别人可以赐予；"清福"则是智慧的喜悦，只能靠自己去体会。也只有具足智慧的人，才能在那简单平淡的生活之中体会到那种光明的喜悦。

★新衣旧衣

[东晋]桓冲妻："衣不经新，何由而故？"

——《晋书·列传第四十四》

【背景介绍】

桓冲(328—384)是东晋时期实权人物桓温的弟弟，也是不可一世的名将、权臣。桓温死后，桓冲当上了荆州刺史。

桓冲有一个毛病，就是喜欢穿旧的衣服，而不愿意穿新的衣服。史料上对桓冲为何如此并没有很明确的解释，也许是因为新衣服穿在身上不舒服、不习惯，《晋书》中则认为他是为了节俭，也有人认为他是为了故意装出“节俭”的样子以博取名声。总之，他就是不喜欢穿新衣服。不过，他这个毛病最终被他老婆给“治”了。

有一次桓冲洗完了澡，夫人早已派仆人送来了换洗的衣服。他出来一看，衣服都是新的，他很不高兴，就让仆人把衣服送了回去。

但是夫人又派仆人把衣服送了回来，并给桓冲传话说:“衣服不经过崭新的过程,怎能会变旧?（衣不经新,何由而故？）”

桓冲听后,也觉得自己的可笑,就将新衣服穿上了。

【随感】

与财物相比,时间与精神更是人们宝贵的资源。如果为了“节俭”而去斤斤计较、拼命算计,为此耗尽自己的心力,那就成为了“悭吝”,反而与节俭的初衷相违背。

★够用就好

[东晋]王恭："吾平生无长物。"

——《晋书·王恭传》

【背景介绍】

王恭(？—398)，字孝伯，东晋时期太原晋阳人，曾经担任过丹阳尹、中书令、太子詹事等职。王恭的生活非常简朴，为官以正直、敢言著称。

有一次，王恭跟随父亲从会稽(今浙江绍兴)来到了都城建康(南京)，同族的王忱前来看望。

王恭与王忱共坐在一张从会稽带来的六尺竹席上交谈。王忱非常喜欢这张席子，他心想："会稽盛产竹席，王恭肯定带来了不少，找他要一张也无妨。"于是王忱就开口向王恭要，王恭很痛快地就将竹席送给了王忱。

后来,王忱听说王恭每天都在这张草席上读书、吃饭,心中很惊奇,也很过意不去。他找到了王恭说:“我听说会稽盛产竹席,以为你一定有很多张,所以才开口找你要。万万没想到你只有一张!”

王恭笑了笑说:“我从来就没有什么多余的东西。(吾平生无长物。)”

【随感】

人空着手来到这个世界,也将空着手离去。在这来去之间,人们手中所“拥有”的一切,仅仅是暂时的租用。

既然是暂时租用,那任何一个精明的人都会本着“够用就好”的原则,不会为此疲于奔命。他们会把自己更多的精神体力用在追求那真正永久属于自己的东西上。

行囊太过沉重,会将自己压得喘不过气,无暇欣赏美丽的风景。抛掉一些累赘吧!

★奢俭由势

[东晋]范宁:“人性无涯,奢俭由势。”

——《资治通鉴·卷一百零七》

【背景介绍】

范宁(339—401)是东晋时期著名的经学大师,著有《春秋谷梁传集解》。《后汉书》的作者范晔(398—445)就是他的孙子。

东晋孝武帝太元七年(382),范宁任中书侍郎。范宁生性耿直,经常进忠言、斥奸党,帮助孝武帝修补了许多政策上的漏洞。太元十四年(389),范宁受人诬陷,被逐出朝廷,贬为豫章(今江西南昌)太守。

在离开京城之前,范宁给孝武帝连着上了两道奏章。第一道奏章说:“现在边境没有战火,但国库却很空虚。古代的君王征召人民做劳役,一年之中不超过三天;而今天百姓的劳役却一年内也没有三天的休息。现在百姓中竟然出现了生下孩子养不起、孤男寡女不再娶嫁等现象。现在国家的局势已经非常危急,就如同一堆干柴,下面已经点燃了烈火!”

范宁在第二道奏章中说:“我们这里有许多百姓是从北方的中原地区逃难而来,他们已经习惯了这里的生活。人的迁徙是很正常的事情,所以我们应该承认他们所拥有的土地,给他们落下户籍。另外,人的欲望是无限的,所以生活上的奢侈与节俭,要视环境条件而定。(人性无涯,奢俭由势。)许多曾经兼并过别人的豪门大户,如今却难以为济,并不是因为他们财力不足,而是因为他们没有节制的花销和攀比。古代,十九岁还不算成年;现在,十六岁就算全丁,十三岁就算半丁,让他们服劳役,这岂不是伤天害理,虐待人民吗? 应该规定二十岁当全丁,十六岁当半丁。”

他的这些建议,孝武帝有很多都采纳实施。

【随感】

衡量“俭”与“奢”的标准,也不仅仅是看花了多少钱。

钱这个东西本来就是在世间流动的,李白讲“千金散尽还复来”,今天花掉一千,明天也许又能赚回一万,多花点钱问题不大。但是,这个世界的资源和环境却是很珍贵的,一旦被耗尽、被破坏,到时候恐怕再用多少钱也买不回来。随手关一下灯,所节约的绝不仅仅是那几毛钱的电费而已!

★由奢入俭

[北宋]张知白："由俭入奢易，由奢入俭难。"

——《训俭示康》

【背景介绍】

张知白(？—1028)，北宋仁宗时曾任3年宰相。

张知白早年在河阳为官时，生活就十分俭朴。升任宰相以后，全家人的生活还同过去一样，没有任何变化。

家人也曾劝他说："您现在是宰相了，俸禄也不少。如果生活还这么俭朴，您自己在家里倒是可以固守清高，但我们在外面，衣服穿的太差了人们会笑话的。您还是略微顺应一下潮流，让大家多享受享受吧！"

张知白感叹道："凭我今天的俸禄，让全家都锦衣玉食有什么困难?！但是你们想过没有，从俭朴变得奢华容易，可若是习惯了奢华的生活，再想恢复到俭朴可就难了！（由俭入奢易，由奢入俭难！）这是人之常情啊！”

张知白接着说：“世事无常。我的俸禄哪能永远有这么多呢？假如有一天发生变故，我不再有这么多俸禄了，但家人又已养成了奢侈的习惯，不能马上节俭度日，那很快就会将家底花光，你们不就流离失所了吗？还不如让你们从现在就习惯于勤俭的生活，这样将来无论我是否在位，无论我是否在世，你们的日子都能一样过下去。”

司马光在给儿子的《训俭示康》中引用了这段话，并赞叹道：“呜呼！大贤之深谋远虑，岂庸人所及哉?!”

【随感】

现代人也就像一个早已习惯了奢侈、被宠坏了的小孩子，将自己的身家性命押在复杂而又脆弱的科技系统上，依赖性越来越强，自身越来越退化。

假如有一天，当人们离开了空调无法度夏、离开了剖腹产无法繁衍、离开了氧吧无法呼吸、离开了药物无力抵御病毒时，一旦有点风吹草动，那该如何生存？张知白的子孙还有人为他们深谋远虑，而到时候谁来为我们这些被宠坏的孩子谋虑呢？

★菜根滋味

[明]徐九思："为民父母，不可不知其味；为吾赤子，不可令有此色。"

——《明史·循吏传》

【背景介绍】

在明朝，我国出了一位著名的清官——徐九经。他曾留下了"当官不为民做主，不如回家卖红薯"的千古名言。在我国戏曲舞台上的《徐九经升官记》、《七品芝麻官》等等剧目，也都是在刻画他的传奇。

徐九经还有一位堂兄弟叫徐九思，也是一位清官。徐九思曾在句容（今江苏句容县）当了九年县令，为官清正，爱民如子，深受百姓的爱戴。

作为一个县，句容经常要接待前来参观巡视的上级官员，招待的费用令百姓不堪重负。徐九思就亲自率领县里的吏卒种菜养鱼，并严格控制招待费用，大大减轻了老百姓的负担。1544—1546年，句容县连续三年大旱，造成粮价暴涨。徐九思及时开仓放粮，平易粮价、赈济饥民，结果尽管句容县经历了前所未有的天灾，却很少有人饿死。

嘉靖二十五年(1546)，为了警示自己以及全县的官员，徐九思在县衙的大堂上挂了一幅画，上面画着一棵青菜，并题词道："为民父母，不可不知其味；为吾赤子，不可令有此色。"

当任期满了，徐九思要离开时，句容县的百姓们牵着他的衣襟洒泪送别。百姓们请他做最后的叮嘱，徐九思说道："惟'俭'与'勤'及'忍'耳。"

徐九思走后，句容百姓将他所画的那棵青菜刻在石屏上，并写下"勤"、"俭"、"忍"三字，这三个字被称为"徐公三字经"。两旁还有一副对联："方丈石墙为户屏，一丝画菜为官箴"。这块石屏位于县衙西侧，被称作"菜铭碑"。

此事在《明史》中有明确的记载。而在民间的流传过程中，人们把这段"画菜辅官"的故事安放到了徐九经的头上，话语也变成了"民不可有此色，士不可无此味"。

【随感】

《菜根谭》里说："人常咬得菜根，则百事可做……布衣暖，菜根香，读书滋味长。"简单的生活是最健康的生活。

奢华的生活方式也会夺走人们本有的快乐。有识之士深刻地指出："……也许比这更可怕的是我们的心灵随之物化。我们几乎没有时间来修身养性，没有时间和亲友说话谈天，甚至没有时间关心自己的健康；我们把太多的时间，我们生命中太多的东西抵押给了金钱……我们得到的是没有安全感的财富，失去的却是地球的生态环境和我们纯净的心灵以及我们可以有的强健体魄。”(——《哈美哈日哈韩的生活方式给中国带来什么》，廖晓义)

也许正是因此，古人才更加珍惜这“菜味”的可贵。

师友篇

★良师益友

[商]仲虺："诸侯得师者王，得友者霸，得疑者存，自为谋而莫己若者亡。"

——《荀子·尧问第三十二》

【背景介绍】

仲虺是辅佐商朝汤王的开国功臣，任左相。他的这句名言在《尚书·仲虺之诰》有记载。他当时说这句话的背景已无从考证，但史料却详细地记载了这句话对后来楚庄王和魏武侯产生的巨大影响。

魏武侯（魏文侯之子，名击）是战国时期魏国的一位国君。一次，他在朝廷上对一件事情谋划得非常得当，大臣之中没有谁能比得上他，因此退朝时他的脸上带着一丝得意的喜悦。谋士吴起上前问道："有人曾把楚庄王说过的话讲给您听过吗？"魏武侯说："没有啊。楚庄王的话怎么说的？”于是，吴起就说起了楚庄王的往事。

当年楚庄王谋划政事谋划得很是得当，大臣中没有人及得上他。退朝时，楚庄王却面带忧虑的神色。大臣申公巫臣上前询问这是为何，楚庄王说：“我谋划政事得当，大臣中没有谁能及得上我，这正是我的忧虑所在。过去仲虺说过：‘诸侯获得良师，就能称王天下；获得益友，就能称霸诸侯；获得解决疑惑的人，至少能保全国家；自己能谋划而臣子都比不得上自己的，注定要灭亡。（诸侯得师者王，得友者霸，得疑者存，自为谋而莫己若者亡。）’现在就凭寡人这么的无能，而大臣们却没有谁能超过我，我的国家不灭亡还等什么?！因此我感到分外忧虑。”

…………

吴起讲完楚庄王的故事，问魏武侯：“面对同样的情况，楚庄王感到忧虑，您为何却感到喜悦？”

魏武侯听后，连连退了几步，拱手拜了两次：“是上天派先生来纠正我的过错，是上天派先生来纠正我的过错啊！”

【随感】

记得笔者小时候学下棋的时候，长辈就经常教导说，下棋一定要找比自己水平高的人下，这样棋艺才能有所长进；若是整天与不如自己的对手下棋，虽然赢棋时很爽，但在不知不觉中，棋艺就要走下坡路了。

当一个人处在良好的群体之中，自然会被“向上拉”；反之，在一个恶劣的群体中，开始可能还有警觉，但时间长了就可能麻木松懈，不知不觉受其熏染，而这往往就是堕落的开始。

★一士之谔

[春秋]赵简子："千羊之皮，不如一狐之腋；千人之诺诺，不如直士之谔谔。"

——《韩诗外传·卷七》

【背景介绍】

赵简子(赵鞅)，春秋末期晋国的正卿，后来随着权力的攀升，也开始称王，自称"寡人"。

赵简子手下有一个臣子叫周舍。当初周舍拜见赵简子的时候，赵简子不见，他就在门外站了三天三夜。赵简子就派人去问他有什么事情，周舍说："我愿意当大王手下的谔谔之臣（直言争辩的臣子)，每天拿着笔墨案牍追随在大王身后，专门监察大王的过失并记录下来。这样每天都有记录，一个月就会显出成效，一年之后国君就将大不相同了。"于是赵简子就接纳了他，并与他共同起居，紧密地生活在一起。

但是不久,周舍就病死了。赵简子如同死了儿子一样的悲伤。

后来有一次,赵简子与诸位大臣在洪波台上饮酒。赵简子有一点喝醉了,突然间哭了起来。大臣们都吓坏了,纷纷跪下说道:“臣有罪,但臣自己还不知道,请大王明示!”

赵简子说:“别害怕,我不是怪罪你们,我是想到了我逝去的好友周舍啊!他曾经说过:‘一千张羊皮,也不如一只狐狸腋下的皮毛值钱;一千人唯唯诺诺地恭敬顺从,也不如一个真心朋友的直言相劝。(千羊之皮,不如一狐之腋;千人之诺诺,不如直士之谔谔。)当初的商纣王昏庸无道,把百姓压制得都不敢说话,因此最终国破身丧;而周武王则因为身边有许多直言相劝的臣子,得以兴国安邦。’”

赵简子擦了擦眼泪接着说:“自从周舍死后,我再也没有听到有人指出我的过失了。看来国家灭亡的日子不远了,因此寡人才哭泣啊!”

《史记·赵世家》记载,到了秦朝,赵良在拜见商鞅的时候将这句话改为:“千人之诺,不如一士之谔。”

【随感】

要想获得能直言的朋友,首先要发愿。如果心中没有对良师益友的真切盼望,恐怕良师益友始终也不会在身边出现,即使出现,可能也认不出来,当面错过。

人们一般总认为是“学生找老师”找得很辛苦,但其实是“老师找学生”找得更辛苦。如果弟子没有达到相应的条件,真正的老师是不会出现在他面前的。

★九九圣贤

[春秋]九九鄙夫:“夫太山不让砾石,江海不辞小流,所以成其大也。”

——《韩诗外传·卷三》

【背景介绍】

齐桓公为了招纳人才,设置了“庭燎之礼”。所谓“庭燎”,就是在国家进行朝觐、祭礼和商讨军国大事时,要在大庭中燃起用竹竿制成的火炬。依照爵位的不同,火炬的数目也不同,天子为一百,公爵为五十,侯、伯、子、男等爵位均为三十。齐桓公以天子之礼来招贤纳士,可见其诚心。但是,一年过去了,一个贤士也没有来到齐国。齐桓公有些灰心。

就在这时,从东野来了一个地位低下的人来求见齐桓公。齐桓公很高兴地问:“你都有些什么才能啊?”那人说:“我只会九九算术。”齐桓公的心中一下子就凉了一半，说：“我齐国中会九九算术的人多得是，你这也算一技之长吗？”

那人答道：“您设置庭燎招贤纳士，历经一年却招不到一位贤士。并不是没有贤士，而是因为您是贤明的君主，贤士们都觉得自己不如您，不敢来见。而对我这个只会九九算术的浅陋之人，您都能礼贤下士，更何况是比我强的呢！您看，大山并不拒绝微小的土石，因此累积成了高耸入云的巅峰；江海也不会拒绝涓涓的细流，因此汇聚成了浪涛汹涌的洪流。（夫太山不让砾石，江海不辞小流，所以成其大也。）《诗经》上说：‘先民有言，询于刍荛。’正是要博采众长。”

齐桓公连连点头称是，并把他作为贤士来对待。很快，齐桓公就招纳到了好几位贤士。

【随感】

连一个山野“鄙夫”都能随口引用《诗经》，都能随口说出极具哲理的话，使人不得不惊叹：“那究竟是一个什么样的时代！”

那么，古人能做到的，今人难道就真的做不到吗？

“鄙夫”也好，“圣贤”也好；古人也好，今人也好，说到根本，也就是那一念心。俱往矣！哪怕我们生逢这个被抛弃的时代，哪怕我们现在还只会九九算术，但只要这一念心还在，希望，就永远在前面。

★人师难遭

[东汉]魏昭："经师易遇，人师难遭。愿以素丝之质，附近朱蓝！"

——《尚友录》

【背景介绍】

东汉的汉桓帝时，有一位著名的博学多才、名震京城的大师——郭泰。

郭泰(128—169)，字林宗，山西介休人。他自幼刻苦学习，博通经史，而且为人刚直，不肯与当时的宦官集团同流合污，三次拒绝入朝为官。当时人称有"八顾"，即八个道德高尚的人，郭泰名列首位。郭泰以其人品和学识成为了当时几万太学生的首领。

166年，第一次"党锢之祸"发生，郭泰虽然幸免于难，但他对朝廷的腐败痛恨至极，于是就回到山西老家闭门教书，弟子上千。169

年郭泰逝世的时候，上千人从四面八方赶来为其送行，并为他立碑。

在郭泰众多的弟子之中,有一位来自陈国的青年,叫做魏昭。

魏昭初次见到郭泰，就拜倒在他脚下请求道:“晚辈愿跟随在先生的左右,洒扫服侍!”郭泰说:“你应当到课堂上好好地读书,大老远跑来跟着我做什么？”魏昭答道:“能传授知识的老师容易遇见,但是能教会如何做人的老师太难得了。我愿意用自己纯洁的本质,来接受先生的熏染!(经师易遇,人师难遭。愿以素丝之质,附近朱蓝!)”

于是郭泰就收下了这个“侍者”。

一次,郭泰生病,让魏昭煮粥。当魏昭将粥端上来时,郭泰却呵斥道:“为长者煮粥,却一点也不恭敬,让人如何吃下?!”说着抬手就把粥碗打翻在地。魏昭只好又去煮粥,但端上来时又被打翻,如此这样反反复复三次,而魏昭脸上却没有一丝怨恨。

郭泰说道:“我过去只是知道你的容貌，而今天知道了你的心。”从此,郭泰就把魏昭当作了真心的朋友。

【随感】

一个真正意义上的“老师”,不仅要传授知识与技能,更要教导如何做人。知识与技能的传授在课堂上就能完成，但是人格的熏染,若不是在日常生活中言传身教,恐怕很难有效果。

时代不同了。今天的教育已不再是古时师徒间的口耳相授,而是西方的课堂教学模式。其实这种模式更适合大批量培养技工,而不是成就完整意义上的“人”。

★不见黄生

[东汉]周乘："时月之间，不见黄生，则鄙吝之萌复存乎心矣。"

——《资治通鉴·卷五十》

【背景介绍】

这里的"黄生"是指东汉人黄宪(黄叔度)。黄宪，汝南慎阳(今河南正阳)人，自幼家境贫寒，父亲是一个在乡间给牛治病的兽医。而黄宪以他的品格和学识征服了身边所有的人。

黄宪在十四岁的时候，一次偶然的机会在驿站遇到了当时的名士——任朗陵侯相的颍川人荀淑。尽管荀淑可以算是黄宪的长辈，但两人如同相见恨晚的知己，谈了一整天还没觉得谈够。最后荀淑竟然对比自己小一辈的黄宪说道："您可以当我的老师了！"

东汉的大学者郭泰(郭林宗)在年轻的时候到汝南求学，先拜访名士袁阆，但只见了一面就走了；等到拜访黄宪的时候，郭泰却在黄宪家留住了好几天，舍不得离去。郭泰感叹黄宪是“汪汪如万顷之陂，澄之不清，扰之不浊，其器深广，难测量也”。所以历史上有“王允千里，黄宪万顷”的说法。

在汝南郡中还有一位大才子——戴良。他平时高傲得很，谁也瞧不起，但是每当他见了黄宪时，就不由得被黄宪的气质人品所折服，而变得毕恭毕敬。回到家之后，戴良都有一种惘然若失的感觉。戴良的母亲就会问：“你是不是又去见那个牛医的儿子了？”从此，“牛医儿”便成了有才学、有风度的人的代名词。

与黄宪同郡的周举、陈蕃等人经常在相互勉励时说道：“只要有一段时间见不到黄宪，心中就会萌发出卑鄙悭吝的念头。（时月之间，不见黄生，则鄙吝之萌复存乎心矣。）”

黄宪淡泊名利，后来虽然被推举为孝廉，但来到京城看了看就回去了，终生都没有做官。黄宪死后，陈蕃升任太尉，他感叹道：“倘若黄宪还在，哪会轮得到我做太尉！”

【随感】

春秋时，墨子看见作坊中的染丝者而感叹道：“染于苍则苍，染于黄则黄。五入为五色，不可不慎也！”

每一个人都有一颗心，每一颗心都在向周围散发着不同的气息，即使不通过语言的传递，也能对另一颗心产生潜移默化的影响。在精神世界高尚的人身边，自然会有“如沐春风”的感觉，言行气质会在不知不觉中改变。

★千金买邻

[南朝]季雅:“一百万买宅,千万买邻。”

——《南史·吕僧珍传》

【背景介绍】

吕僧珍是南朝梁武帝时代的“平北将军”,是开国的功臣。他学识渊博,为人忠厚,待人真诚,为官清正廉洁。据说吕僧珍在因公会客时,就连自己的亲兄弟都不得入内。

吕僧珍的家教极为严格,形成了良好的家风,家中的每一个成员都被调教得品行端正,待人和善。吕家因此在当地享有盛名。

一次,吕僧珍家旁边的一户人家搬走了。不久,又有一户新的人家搬来。

新搬来的人家是原南康郡太守季雅。季雅也是一位正直的官员。他由于得罪了当地的权贵而被罢官,被从南康郡的府第中轰了出来。于是,他就举家搬到了这里。

新邻居见面总要寒暄几句。吕僧珍就问季雅:“您买这所宅子花了多少钱?”

季雅答道:“一千一百万。”

“一千一百万?!”吕僧珍惊讶地瞪大了眼睛,接着说道,“先生您吃亏了!我那个宅子也不过就一百万。”

季雅答道:“这一千一百万中,一百万买的是宅子,一千万买的是您这个好邻居!(一百万买宅,千万买邻。)”

【随感】

今天,“邻居”一词已经逐渐失去了意义。

人们宁愿终日坐在电视或电脑前打发时光,也不愿与旁边真实的有血有肉的人交流。冰冷的钢筋水泥和厚厚的铁门,将近在咫尺的人相隔得那么遥远。古人花千金买到了一个好邻居,今人恐怕连一个与你吵架的“坏邻居”都买不到了!

★青出于蓝

[北朝]李谧同窗:“青成蓝,蓝谢青,师何常? 在明经。”

——《北史·李谧传》

【背景介绍】

李谧(483—515)是南北朝时期著名的学者,曾经留下了“丈夫拥书万卷,何假南面百城”的豪言壮语。

李谧10岁丧父,身世坎坷。因其聪明好学,在乡里有“神童”的称号。

李谧在18岁时,拜四门小学博士孔璠先生为老师。数年后,李谧的学业大有进步,孔璠反过来拜李谧为师。这一下,老师变成了学生,学生变成了老师。

为此,李谧的同窗学友们就编出了一个顺口溜:“青成蓝,蓝谢青,师何常? 在明经。”意思是说:靛青是一种染料,是从一种叫“蓼蓝”的植物中提取出来的，但颜色比蓼蓝更深更浓。师生的关系也不是固定不变的，谁懂得道理，谁就是老师。

【随感】

“真理”并不在外面，而是在内心；“真理”也不能传授，但寻找真理的方法却能够传授。如果老师真的是将“真理”传授给学生，那“真理”只可能在流传过程中不断地被扭曲、被损减，越来越走样，学生只能比老师更差，怎么会“青出于蓝而胜于蓝”呢？

★春风化雨

[北宋]朱光庭:“光庭在春风中坐了一月。”

——《伊洛渊源录》

【背景介绍】

北宋时期，我国出现了两位伟大的思想家——程颢、程颐兄弟。

程颢(1032—1085),号“明道先生”,河南洛阳人,他与弟弟程颐(1033—1107)并称为“二程”。他们兄弟俩常年在洛阳讲学,都是我国理学思想的奠基人。“二程”的哲学思想对后来的陆九渊、王阳明等人的“心学”影响很大。

一说到“理学”,人们往往首先会想到“存天理、灭人欲”的朱熹。尽管朱熹可以算是“二程”的徒孙,但是与朱熹那种迂腐变态的思想不同,“二程”的哲学思想是充满了人性化的,提出了“天地之大德曰生”的理念。

在程颢的弟子中有一个人叫朱光庭，他从千里之外赶到洛阳向程颢求学，一个月后返回家乡。家乡的人问他感觉如何，朱光庭说：“光庭在春风中坐了一月。”

后来，朱光庭对程颢一生的学术进行了总结：

“大抵先生之学，以诚为本。仰观乎天，清明穹隆，日月之运行，阴阳之变化，所以然者，诚而已。俯察乎地，广博持载，山川之融结，草木之蕃殖，所以然者，诚而已。人居天地之中，参合无间，纯亦不已者，其在兹乎！盖诚者天德也。圣人自诚而明，其静也渊停，其动也神速，天地之所以位，万物之所以育，何莫由斯道也！”

【随感】

当初佛陀正在树下给弟子们说法，有一只鸽子被猎人追赶逃了过来。鸽子先是躲到了一位弟子的影子中，却恐怖得瑟瑟发抖；而当鸽子来到佛陀的影子中时，就变得安详而平静。佛陀就告诉那位弟子：“因为你心中的杀气还没有消除干净，所以鸽子在你的影子中会感到恐惧。”

每个人时时刻刻都在向周围散发着各种各样的气息。我们所带来的到底是“春风”还是“寒风”，那就靠自己来把握了。

★一字为师

[北宋]张咏:“萧弟,一字师也!”

——《陈辅之诗话》

【背景介绍】

张咏,山东鄄城人,北宋时期太宗、真宗两朝的名臣。张咏因为性情古怪,自号“乖崖”。

张咏刚正清廉,性格倔强,使得贪官们胆寒。历史上记载了许多关于张咏严惩贪官污吏的故事。张咏曾经杀掉了一个每天只从国库中偷盗一文钱的贪官,并在历史上留下了著名的“绳锯木断,水滴石穿”的典故。

张咏不仅性情刚烈,而且礼贤下士、谦虚好学,在《陈辅之诗话》还记载了这么一段故事:

张咏在做太守的时候,曾经有一次偶发感慨,在纸上写出了两句诗:“独恨太平无一事,江南闲杀老尚书。”然后随手就将这张纸放在了书案上,就去吃饭了。等他吃完饭回来,发现诗中的“恨”字已经被改成了“幸”字。张咏向左右问道:“是谁改了我的诗?”张咏的下属溧阳县令萧楚才答道:“是在下改的。”

“你为何要改?”

萧楚才答道:“我是为了保护您不受陷害。您位高权重,因此嫉妒您的小人肯定不少,他们都时时刻刻地盯着您的一举一动,要抓您的把柄。况且如今天下一统、万世太平,您却偏偏要‘恨太平’,这将是什么样的罪过!这句诗若是被小人知道了,那可不得了!”张咏惊叹道:“萧老弟,你真是我的一字之师啊!(萧弟,一字师也!)”

萧楚才改动的这一个字,不仅仅救了张咏的命,而且使这首诗本身也增添了更多的回味和内涵。

【随感】

从“恨”到“幸”,尽管只是一个字的差别,却完全改变了诗的境界。人生的际遇虽难改变,但内心“恨”与“幸”的一念之差,却足以使人生的境界发生翻天覆地的变化。

人生不如意事十有八九,但怨恨是没有任何用处的,只能使自己的处境越来越艰难、越来越狭窄;而感恩的心却能够融化命运的冰雪。

为学篇

★莫轻“糟粕”

[春秋]轮扁:“然则君之所读者,古人之糟粕已夫! ”

——《庄子·天道》

【背景介绍】

一次,齐桓公在堂上读书。堂下,齐国著名的木匠——轮扁正在挥舞着斧凿,为车子打造车轮。

过了一会儿,轮扁带着工具走上堂来,问齐桓公道:“您在读的是什么书啊? ”齐桓公答道:“是圣人的书。”轮扁又问:“那么,圣人还活着吗?”桓公道:“圣人早就死了。”轮扁于是就说:“那么您所读的,仅仅是古人的糟粕而已!(然则君之所读者,古人之糟粕已夫!)”

齐桓公很生气:“寡人读书正读得好好的,你一个工匠怎敢妄加评论?!今天你一定要说出个道理来,否则你就别想活命!”轮扁答道:“我虽然不懂读书，但从我自己做轮子的工作之中体会到了这个道理。”

轮扁解释说:“一个轮子是否坚固，最关键的地方就是辐条与轮毂(轮子的圆周)之间的榫接。轮毂上容纳辐条的榫眼一定要挖得恰到好处。如果榫眼挖大了,虽然辐条容易插进去,但榫接之间有空隙,这样组装出来的轮子就不牢固;若是榫眼挖小了,则辐条又根本插不进去。”

一席话,齐桓公已经被轮扁侃晕了。

轮扁接着又说:“所以,挖榫眼是做轮子中最难的手艺。我虽然心中有数、手上有根,但嘴巴就是说不出来。所以我无法将这关键的手艺传授给我的儿子,他也学不会。所以您看,我都七十岁了,还不得不亲自来做轮子。大王，古人已带着他不可传授的领悟逝去了,所以我说,您所读的仅仅是古人的糟粕而已啊！”

齐桓公无言以对。

【随感】

齐桓公真的是被轮扁“忽悠”了!

圣人留下的不是真理,而是开发自己内心真理的方法。圣人逝去了，我们依旧可以按照圣人所教的方法，去打开我们内心的宝库。

轮扁没有找到传人,只能怪自己水平太差,或者运气不佳。

★读书百遍

[三国]董遇:“读书百遍,而义自见。”

——《三国志·裴注·魏略》

【背景介绍】

董遇是汉明帝时期的大司农。

董遇性格朴实木讷,勤奋好学。他从小家里很穷,但非常喜爱读书。他在下地种田、上山打柴的空闲时间里,依旧抓紧时间读书。后来兵荒马乱,董遇就与哥哥一起去山中采山芋来卖,他还常常带着书本,一有空闲就读。哥哥嘲笑他,但他满不在乎。

就这样,在持之以恒的勤奋努力下,董遇最终成为了著名的学者。董遇注疏了许多经典,著有《周易章句》、《老子训注》等。他尤其精通《左传》,并用红、黑两种颜色将经、传加以区别。

后来有人问他哪里有那么多的时间来读书,董遇回答:“我读书都是利用‘三余’时间。第一余是冬天农闲时，是一年中的空闲时间；第二余是晚上回家后，是一天中的空闲时间；第三余是下雨天，我不能下地或做买卖，也是我的空闲时间。”有人向董遇拜师求学，董遇并不急于向他讲解书的内容，而是让那人先将书读上百遍。董遇说：“读书百遍，而义自见。”

也许是后人觉得书读一百遍还远远不够，所以这句话在流传过程中又变成了“读书千遍，而义自见”。

【随感】

经典之所以成为“经典”，之所以能够不朽，就是因为作者在其中注入了自己的品格、情操、见地，乃至全部生命。当作者的真心与读者的真心在字里行间相遇时，自然就会撞击出绚丽的火花。所以只要大地上还剩下一颗真心不死，哪怕岁月尘封，哪怕颠沛流离——经典，就会有其永恒的生命力。

经典往往凝聚了作者一生的心血，所以也需要读者用一生来读懂。

★士别三日

[三国]吕蒙:“士别三日,即当刮目相待。”

——《三国志·吕蒙传》

【背景介绍】

吕蒙,字子明,汝南富坡人,三国时东吴智勇双全的著名将领,“东吴四英将”中排第三位。他在孙权继位后就前来投奔,在剿灭吴郡城外山贼的战斗中就初露锋芒。周瑜死后,他继任东吴的都督。在夺取荆州的战役中,吕蒙采用“白衣渡江”之计击败了关羽,从此声名大振。

吕蒙幼年时家境贫寒,没钱读书。投奔孙权后又忙于习武,无暇读书,因此文化很低。鲁肃在吴郡见到他,觉得他缺乏学识,没有什么前途。

孙权听闻此事后,就劝吕蒙多读一些兵书、史书。吕蒙说:“我每日习武，军务繁忙，哪里有时间看书呢？”孙权说：“我日理万机，但每天都还要抽出一些时间读书。难道你还比我忙吗？你如今是国家栋梁，要智勇双全才能不负众望，不能只当一介武夫！”这一席话使吕蒙醒悟，从此他就发奋读书，手不释卷。

后来，鲁肃再次见到吕蒙，发现他从气质到谈吐完全变了一个人。在交谈中，吕蒙的学识和谋略使鲁肃也不得不甘拜下风。鲁肃轻轻拍着吕蒙的背，赞叹着说道：“我曾经认为贤弟只是一介鲁莽的武夫，但今天看到你的雄才大略，贤弟再也不是吴下的那个阿蒙了。”

吕蒙答道：“人别后三天，就该另眼看待呀！（士别三日，即当刮目相待。）”

【随感】

每一次呼吸、每一个刹那，你和我都已经不同，恐怕都要“刮目相看”了。

岁月无声。多年之后，老同学老朋友再次相见，大家的变化总令人瞠目结舌。不必感叹岁月、感叹命运，每个人都要对自己的相貌负责。因为我们心中的每一个念头，都在塑造着我们自己的未来。

★光阴如金

[三国]孙和:“且志士爱日惜力,君子慕其大者,高山景行,耻非其次。”

——《三国志·吴志·孙和传》

【背景介绍】

孙和是三国时期东吴国君孙权的第三个儿子,曾被立为太子,后在权力斗争中被废黜,但是他的儿子孙皓却成为了东吴最后一个君主。

孙和从小就勤奋好学,不像其他的孩子那样贪玩。19岁时,孙和被立为太子,他在自己的学业上就更下工夫了。

当时在东吴的上流社会中非常流行下棋。无论是文武百官还是皇亲国戚,人们都以下棋为乐趣,深深沉迷于其中,因而耽误了不少军国大事。孙和看到这一切感到非常担忧。他认为,现在天下未定、大敌当前，北方的曹操和西边的刘备都在虎视眈眈地盯着东吴这块肥肉。在这种情况下，若是东吴人还不抓紧时间励精图治，反而沉迷于游戏之中，那迟早有一天是要亡国的。

孙和对手下人告诫道："我们现在抓紧时间要做的是充实自己、积功累德，而若沉迷于下棋则浪费时间、消耗精力、耽误事情。况且君子所追求的理想就如同这大山一样的崇高，如果不能达到就会感到很羞耻，所以有志之士总是非常爱惜自己的时间和精力。(且志士爱日惜力，君子慕其大者，高山景行，耻非其次。)人生天地间如白驹过隙，转眼一年老似一年，所以更要珍惜时光。确实，人在生活中不能没有娱乐，但是现在人们吃喝玩乐的娱乐已经太多了！何必再要去沉迷于下棋呢?！"

于是，孙和就命手下人作了一部《博弈论》，来纠正国内这种贪玩的风气。

【随感】

"世之最可珍重者，莫过精神；世之最可爱惜者，莫过光阴。"

人是万物之灵，而身为万物之灵的人却往往不知道自己这段"作为人的光阴"的宝贵。

《聊斋》中的狐狸精们辛辛苦苦修行千年，为的也不过就是要得到一个人身；而当她们看到世人已经拥有了人身却不知道珍惜，不知她们又该如何地扼腕叹息了！

★不熟尔雅

[东晋]谢尚:"卿读《尔雅》不熟,几为《劝学》死! "

——《晋书·列传第四十七》

【背景介绍】

这是一则关于《尔雅》与《劝学》、螃蟹与蟛蜞的有趣故事。

《尔雅》是我国古代第一部采用分类的方法来解释词义的百科全书。在《尔雅·释鱼》中介绍了一种叫做"彭(蟛)蜞"的动物。蟛蜞与普通的螃蟹类似,也是八条腿两个钳子,但是个头要小,有毒,不能直接食用。

《劝学》是东汉大学者蔡邕(132—192)的名作,根据春秋时的《大戴礼记·劝学篇》而写。《大戴礼记·劝学篇》中有:"蟹二螯八足,非蛇蟺之穴无所寄托者,用心躁也。"而到了蔡邕的《劝学》中则有"蟹有八足,加以二螯"一句。

在蔡邕去世一百多年之后的东晋，蔡邕的堂曾孙蔡谟(生卒不详)当上了朝中的司徒。由于《劝学》是老祖宗的作品，所以蔡谟非常重视，能将《劝学》背得滚瓜烂熟。

一次，蔡谟在渡江的时候看到江边有很多蟛蜞，他并不认识，但想到《劝学》中的“蟹有八足，加以二螯”一句，就理所当然地认为这些都是螃蟹，于是他就将这些“螃蟹”抓来蒸熟，当作美味来享用。但是吃完了这些“螃蟹”，他就上吐下泻，差点送了性命。

后来，他将此事说给镇西大将军谢尚(308—356)听。谢尚说：“你不熟读《尔雅》，所以差点就被《劝学》害死了！(卿读《尔雅》不熟，几为《劝学》死！)”

后来，我国中医的经典中也留下了“蔡谟蟛蜞”的故事。

【随感】

十九世纪，由于排版人员的粗心，竟将一篇论文中菠菜含铁量的小数点向右点错了一位，于是人们就开始流传“菠菜补血”的说法。小时候也总听人鼓励孕妇要多吃动物肝脏，却忘了肝脏中营养多毒素更多。

人们总是喜欢轻易地下结论。某个地方的人比较长寿，同时那里的人们又喜欢吃鱼，有人就武断地得出“吃鱼长寿”的结论，并作为“科普知识”不负责任地到处宣扬。

失之毫厘，谬之千里。粗心大意的“想当然”真是害人不浅。

★朝阳之晖

[东晋]慧远大师:“桑榆之光,理无远照;但愿朝阳之晖,与时并明耳!”

——《世说新语·规箴第十》

【背景介绍】

慧远大师(334—416)是东晋时代的高僧,中国净土宗第一代祖师,被后人尊称为“远公”。

远公少年时曾游学四方,钻研道家和儒家。21岁时,他师从道安大师学习佛法,成为道安大师的上首弟子。

远公的后半生是在江西庐山东林寺度过的。东晋太元十五年(390),远公在东林寺创建白莲社,与僧俗一百二十三人共修念佛求生净土,其中十八人被称为“庐山十八贤”。在中国佛教史上,庐山东林莲社标志着中国净土宗的正式开创,因此远公被认为是中国净土宗的开山初祖。

远公到了年老时，依然继续讲经没有间断。当弟子中有人懈怠偷懒时，远公就勉励说："我已老了，就如同落日的阳光，已经照不了多久了，这也是理所当然的事情；但是你们却正如同早上八九点钟的朝阳，你们可要努力，让自己的光明越来越灿烂！（桑榆之光，理无远照；但愿朝阳之晖，与时并明耳！）"

远公每次登坛讲经的时候，仪态庄重威严，声音洪亮流畅，言辞恳切，令弟子们肃然起敬。

【随感】

曾经有人把这句话改了一个字，改为"桑榆之光，理应远照"。其实远公自身也正是这么做的，他留下的智慧光芒照耀了一代又一代人，一直照耀到今天。

对于他的一生来说，此时已经是桑榆之光；但对于这无尽的世界、无尽的岁月来说，却正是美丽的朝阳之晖。

有一天，我们也会年老，难以想象到那时我们将会如何，是否还能以自己残留的躯壳，展现出生命的光彩呢？

★开卷有益

[北宋]宋太宗:“开卷有益,朕不以为劳也。”

——《渑水燕谈录·卷六》

【背景介绍】

宋太宗(939—997)是北宋第二个皇帝,是宋太祖赵匡胤的弟弟,原名匡义,后改光义。976年赵匡胤逝世,宋太宗即位,改名炅。

宋太宗非常重视道德文化的建设,曾说过:“王者虽以武功克定,终须用文德致治。”他命翰林学士李昉等学者编纂了一部规模宏大的百科全书——《太平总类》。全书共一千卷,分五十五门。太宗非常喜欢这一部书,每天都要亲自阅览三卷,一年读完。因此,这部书被题为《太平御览》,简称《御览》。

太宗每天亲阅三卷的功夫是不间断的,如果中间因为政务繁忙来不及阅读,改日一定补上。有人劝他,说如此读书太劳累了,太宗说:“只要开卷,就会有益处,我不觉得劳累。(开卷有益,朕不以为劳也。)”

【随感】

书是人类进步的阶梯,阅读过程本身也是对智力的良好训练。而如今图书的字越来越大、越来越稀,插图却越来越漂亮、越来越丰富,是不是也意味着现代人对文字的耐受力越来越差了呢? 如果每隔几页没有点插图来刺激一下人们麻木的神经,书就读不下去了。

古时,只有道德和智慧都到达了一定水平的人,他们的书才能流通于世,因此说“开卷有益”。而今天,图书市场鱼龙混杂,选择图书时不可不谨慎小心,因为开卷未必有益。

★一片英华

[明]蕅益智旭："有出格见地，方有千古品格；有千古品格，方有超方学问；有超方学问，方有盖世文章。"

——《灵峰宗论》

【背景介绍】

这是明朝蕅益大师对弟子的教导。

蕅益大师（1599—1655）是明末四大高僧之一，同时精通儒学，其文学造诣也令后人高山仰止。大师的文笔简洁而又有力度，气势连贯，振聋发聩，使人读起来如醍醐灌顶，心潮澎湃。大师的文集《灵峰宗论》不仅具有极高的学术价值，而且有极高的文学价值，字字句句扣人心弦、动人心魄。后人赞叹道："余亦尝言，读蕅益《宗论》而不堕血泪者，其人必无菩提心！"

大师所在的明朝末年，朝政腐败，民不聊生，文人的风气也十分恶劣，写文章就是为了功名利禄、附庸风雅，写出的文章要么是奴颜媚骨的溜须拍马，要么是无病呻吟的风花雪月，年轻的学子也在潜移默化中深受世俗的影响。对于这一切，蕅益大师深恶痛绝。

大师的弟子向大师请教如何才能写出锦绣文章，大师就用这短短几句话，为他列出了“见地”、“品格”、“学问”直到“文章”的修学次第。大师还一针见血地指出了当时的流弊：“今文章学问不从立品格始，品格不从开见地始，是之楚而北其辕也！”

【随感】

千年之前的一段文字，却能打动千年之后的我们，这确实是一件很神奇的事情。我们每个人心中本来都蕴藏着那海阔天空的深远见地、那冰清玉洁的品格情操；否则，我们怎能会被同样的见地、同样的品格情操所打动呢？

古时有个学生将自己的文章呈给老师看，老师很是赞赏，但同时又告诫道：“当时时返照：此一片英华从何处流出？”去找回“此一片英华”的源头，我们才不会与草木同腐，才能不负平生。

睿智篇

★愿者上钩

[唐]楚江隐士："姜子牙、严子陵以为隐者，殊不知钓其名耳！"

——《龙文鞭影》

【背景介绍】

崔铉是唐朝名臣，也是著名的诗人。

崔铉在任江陵太守时，听说在楚江边有一位不同寻常的人物。此人不知姓甚名谁，终日在江上垂钓，钓到了鱼就拿来与别人换酒喝。他还经常引吭高歌，好不自在。崔铉觉得这个人很不一般，于是就来到江边拜访此人。

在古代，钓鱼的人被分为两类，一类仅仅是为了谋生，被称为"渔者之渔"；另一类则是隐士的闲情逸致，或是沽名钓誉的一种手段，被称为"隐者之渔"。

崔铉见到此人，认为绝非是靠钓鱼糊口的渔夫，于是就问道：

"您是'隐者之渔'吗？"

那人答道："人们都说姜子牙、严子陵是隐士，却不知道他们其实只是在钓功名利禄而已！（姜子牙、严子陵以为隐者，殊不知钓其名耳！）"说完，那人头也不回地离去了，只留下了崔铉一个人呆呆地望着他的背影。

姜子牙就是当初帮助周文王、周武王讨伐商纣王的姜太公（姜尚）。姜子牙在没有被发现、被重用的时候，就经常到河边钓鱼。但是姜子牙钓鱼与别人不同，别人钓鱼用的鱼钩是弯的，而姜子牙的鱼钩却是直的。有人问："直钩如何能钓到鱼？"姜子牙回答："愿者上钩。"此事传开了，姜子牙终于钓到了"大鱼"——周文王。从此，民间就有了"姜太公钓鱼，愿者上钩"的俗语。

严子陵是东汉著名隐士。他与汉光武帝刘秀是同学，也是好友。刘秀几次请他出来为官，都被他拒绝。后来他躲到浙江桐庐的富春江边隐居垂钓，他所在的那块石头被称为"严子陵钓台"。他也因此而流芳千古。

【随感】

古语道："大隐隐于市。"如果内心真正安住下来，即便是走在喧嚣的街头，也不会为之所动。如果心中的妄想杂念不去除，即便终日在江边垂钓，也会终日惶惶不安，因为心早已被不知什么东西"钓走"了，而且还是"愿者上钩"。

★飞鸟已尽

[战国]范蠡:“飞鸟尽,良弓藏;狡兔尽,良犬烹。”

——《史记·越王勾践世家》

【背景介绍】

越国与吴国都是春秋末期江南大地上的强国，双方的国王——越王勾践与吴王夫差则是一对千古怨家。

公元前494年,越王勾践出兵攻打吴国,结果惨败,勾践成为了吴王夫差的俘虏。

勾践在吴国成为了夫差的奴仆。为了骗取夫差的信任,勾践卑躬屈膝,极尽谄媚。一次,夫差生了重病,勾践就亲自品尝夫差的粪便,来为夫差“诊断”病情。勾践终于骗取了夫差的信任,被放回到了越国。

回到越国后,勾践发誓要雪“会稽之耻”。他为了激励自己,就每天睡在柴草上，并在房梁上吊了一个猪苦胆，每天尝一尝，就是所谓的“卧薪尝胆”。

经过二十年的励精图治，公元前473年，越王勾践终于发动了复仇的反击。他仅用很少的兵马就一举消灭了吴国，逼死了夫差，留下了“三千越甲可吞吴”的传奇。勾践胜利后，将功臣范蠡封为了上将军，但范蠡却乘坐一条小船悄悄地逃走了。

范蠡逃到了齐国，隐姓埋名，做起了瓷器生意。他从齐国给还在越国辅佐勾践的大臣文种写信说：“天上的鸟被射杀光了，弓就会被收藏起来；野兔被抓捕尽了，猎犬就会被宰杀烹食。（飞鸟尽，良弓藏；狡兔尽，良犬烹。）越王是个小人，可以共患难，不能共富贵。您还是快点离开吧！”

文种没有听从范蠡的劝告，最后真的被勾践所杀。

三百年后，韩信在死之前也曾仰天长叹：“果若人言：‘狡兔死，良狗烹；高鸟尽，良弓藏；敌国破，谋臣亡。’天下已定，我固当烹！”

【随感】

文种和韩信在临死之前他们也许会问自己：“我这一生辛辛苦苦，到底为的是什么？！”

勾践、刘邦这样的“成功人士”呢？他们享受天下的时间是那么的短暂（刘邦7年、勾践8年），就在病痛中死去。而在这期间，他们未必睡过几个安稳觉。他们在临死之前是否也会问：“我这一生辛辛苦苦，到底为的是什么？！”

飞鸟已尽，逝者如斯，只留得一片白茫茫大地真干净。

★屋上之乌

[周]姜子牙:“爱人者,兼其屋上之乌;不爱人者,及其胥余。”

——《尚书大传·卷三》

【背景介绍】

商朝末年,纣王的统治愈加荒淫残暴。西部诸侯国的首领姬昌(周文王)联合诸国,练兵备战,准备推翻纣王的统治。但是姬昌不久就患了重病,出师未捷身先死。

姬昌的儿子姬发继位, 就是周武王。武王主要靠三个人来辅佐:军师姜子牙(姜太公),武王的弟弟姬旦(周公)和姬奭(召公)。

武王开始了讨伐纣王的战争。双方在牧野展开大战。由于失去人心,纣王的军队纷纷倒戈。武王的大军很快攻陷了纣王的都城朝歌,纣王自杀,商朝灭亡。

纣王死后,武王心中并没有感到安宁,因为天下还不安定,朝歌城中还有许多纣王的旧臣和亲属,不知该如何处治。武王就请大家来商议。

姜子牙说:“臣听说,如果爱一个人,连他房顶上的乌鸦都会喜欢;但如果恨一个人,那连他家的篱笆墙都会感到讨厌。(爱人者,兼其屋上之乌;不爱人者,及其胥余。)所以还是将他们都杀掉,免得有后患。如何?”武王摇摇头。

召公说:“将他们其中有罪的杀掉,无罪的留下。这样也铲除了敌对势力。如何?”武王还是摇摇头。

周公说:“应该让他们各自回自己的家,各自耕种自己的土地。不论过去如何,君主都一视同仁。如果百姓有过错,都归咎到我一人身上。”武王听了十分高兴,叹道:“天下定矣!”

在周公的建议下,武王施行仁政,开创了西周初年的太平景象。

【随感】

来到心爱的人房前,望着屋顶上的那只乌鸦,觉得真是可爱。但忽然间“扑啦啦”,它却飞到了仇敌的屋顶,这时,对这只乌鸦,我们还会觉得“可爱”吗?

这个世界本来无辜、本来清白,却偏偏被我们套上了我们自己心中的影子,被染上了不该有的色彩。而也许我们所贪求的东西,未必能带来真正的快乐;而我们曾蔑视、憎恶的人,其实也有可爱可敬的地方。

★心光难掩

[战国]东郭牙:“观容貌,察气志,定取舍,而人情毕矣。”

——《韩诗外传·卷四》

【背景介绍】

一次,齐桓公与管仲密谋商讨攻打莒国的计划。计划很保密,只有齐桓公和管仲两人知道。但不久,齐桓公要打莒国的事情竟然在国内传开了。齐桓公责问管仲:“攻打莒国的计划,我只对你一个人说了,怎么现在国中有人却知道了?”

管仲说:“国内肯定有圣人!”

齐桓公想了想说:“记得那天咱们在台上商议此事时,下面有一个衙役不停地向上看。”

管仲就下令:“把那天当班的衙役都找来,不许有人代替!”

那天当班的衙役们都被找来,其中的那个人马上就被认了出来。他名叫东郭牙。管仲责问他道："是你对大家说大王要攻打莒国的？"

东郭牙回答："是的。"

"我又没有说要攻打莒国，你为什么要说呢？"

东郭牙说："我听说君子会显示出三种不同的颜色，以此而知。面带欣喜，如沐春风，是欣赏音乐时的颜色；宁静而又忧伤，是悼念死者时的色彩；满脸怒气，挥拳跺脚，是要发动战争时的颜色。我看你们在台上张牙舞爪、怒气冲冲，就知道你们在筹划战争。"

管仲又问："那你又怎么知道攻打的目标是莒国呢？"

东郭牙回答："您在台上对着莒国的方向指手画脚，嘴拢着、舌头顶着，从口形看，您显然是在发'ju'的音啊！而且现在诸侯中就是莒国最不听话。所以我认为大王要打的肯定是莒国！"

齐桓公叹道："好！这正是《诗经》上说的：'他人有心，予忖度之。'"

东郭牙接着说："眼睛是心灵的窗户，言语和小动作也会在不知不觉中泄漏内心所想。所以善于观察的人，不必去问，知道观察别人的容貌、气质，以及各种微小的细节，他心中所想就都能知道了。（观容貌，察气志，定取舍，而人情毕矣。）"

齐桓公一个劲儿地点头。后来，东郭牙成为了辅佐齐桓公的一个重要人物。

【随感】

每个生命都散发着讯息，很微弱，却很真实。而人们往往因为自心的不清净而被迷惑。这就是人的弱点。

卡耐基的名著《人性的弱点》风靡全球，教导人如何去赢得“朋友”和增强影响力。而笔者有些困惑：德行深厚，威望自然提高；真诚待人，朋友自然到来。何必一定要抓别人的弱点呢？你到底想要干什么？

假如卡耐基来到远古的东方，遇到真正的圣贤，在那穿透生命的睿智目光下，不知他该作何感想。

★吹尽狂沙

[战国]李克："夫观士也，居则视其所亲，富则视其所与，达则视其所举，穷则视其所不为，贫则视其所不取。"

——《韩诗外传·卷三》

【背景介绍】

魏文侯要设置宰相的职位，心中有两个人选——翟黄和魏(季)成子。魏文侯犹豫不决，就向大臣李克询问。

李克没有直接回答谁该当宰相，而对魏文侯说："要想知道一个人的品质和才能，就要观察他的五点：一、他平日与什么人亲近往来；二、他有了钱之后，看他把钱与谁分享；三、位居高官后，看他为国家推荐了什么样的人；四、当他身处逆境不得志时，看他是否做了自己不该做的事；五、当他家境贫寒时，看他是否接纳不义之财。(夫观士也，居则视其所亲，富则视其所与，达则视其所举，穷则视其所不为,贫则视其所不取。)"

听到这里,魏文侯说:"不必说了,我心里有数了。你回去吧!"

李克向外走,正好遇到翟黄。翟黄问道:"我听说国君召你询问谁该当宰相,结果如何?"

李克说:"魏成子当宰相。"

翟黄当时就怒了:"我哪一点不如魏成子?! 西河的守将,是我举荐的;国君为邺地(今河北临漳县)所忧虑,我举荐了西门豹去治理;国君要攻打中山,我引荐了乐羊;攻下中山,没人驻守,我举荐了先生您;国君要置太子傅,吾举荐了赵苍。我有这些成就,还不如魏成子吗?"

李克就把向魏文侯回答的五条观人原则告诉了翟黄,并说:"魏成子身为高官,却十天有九天在外奔波以招聘天下贤士,所以得到了卜子夏、田子方、段干木,这三人都是国君的良师益友;而你所举荐的仅仅是些平庸的臣子而已,你怎能与魏成子比呢?!"

翟黄听后惭愧地对李克施礼说:"鄙人固陋,失对于夫子。"

【随感】

俗话讲:"路遥知马力,日久见人心。"

人心虽然千差万别,但是其中所蕴含的某种东西却是共同的。就好像天下各处的金矿,因为所覆盖的泥沙不同而有不同的颜色,但是当淘尽泥沙真金显露,所放射出来的光彩是一样的。正所谓"千淘万漉虽辛苦,吹尽狂沙始到金"。狂风巨浪,既在考验着人,也在磨炼着人。被淘汰的,仅仅是沉积的泥土;所显发的,是内在的真金。

★没有借口

[战国]里克:“欲加之罪,其无辞乎?”

——《左传·僖公十年》

【背景介绍】

晋献帝有五个儿子:重耳、夷吾、奚齐、申生和卓子。其中申生的母亲是齐国公主,地位最高,而另外四人的母亲都地位低下,因此申生被立为了太子。

但是,奚齐是晋献帝与其最宠爱的骊姬所生,因此晋献帝想扶植奚齐当太子,于是他与骊姬合谋害死了自己的亲生儿子申生,又企图杀害重耳和夷吾。重耳和夷吾闻讯逃亡到了国外。

晋献帝死后,奚齐继位。但很快晋国就发生了内乱。忠实于太子申生的大臣里克派人刺杀了奚齐、卓子和老大夫荀息。里克要迎请公子重耳回国继位,但重耳厌倦了血腥的政治斗争,不肯回来。

无奈，里克只得迎请公子夷吾回国继位。公元前650年，秦国将流亡多年的公子夷吾送回国。同年，夷吾登基，成为了“晋惠公”。

当初在流亡时，为了得到秦国的支持，夷吾曾许诺将“河西五城”送给秦国。登基后，秦国来索要土地，晋惠公却翻脸不认账。里克劝晋惠公要遵守诺言，双方发生了争执，晋惠公很不痛快。

晋惠公一直认为里克与自己不是一条心，视之为眼中钉，想早日除掉。于是就对里克说：“你迎请我回国虽然有功，但是你连杀了两个国君和一个大夫（奚齐、卓子和荀息），罪不容赦。你自裁吧！”

里克听后仰天长叹：“我若不杀他们，你又怎能登基?！想要给人治罪，还怕找不到借口吗？（欲加之罪，其无辞乎？）臣遵命！”里克说完，拔剑自刎。

后来，晋国发生饥荒，秦国运粮来救济；等到秦国发生饥荒的时候，丰收的晋国不仅不援救，反而趁火打劫。但恶有恶报，晋惠公在后来的战争中沦为了秦国的俘虏。

【随感】

世界上有两个可怕的字，那就是“借口”；而借口中最可怕的，不是对别人说的，而是对自己说的。

古语道：“心术在毫厘之辨。”给自己找一个美丽的借口，是再容易不过的事情。然而，岁月的力量是无情的，真的假不了，假的也终究真不了。

★金玉其外

[元]卖柑者："金玉其外，败絮其中！"

——《卖柑者言》

【背景介绍】

事情发生在元朝的杭州。

一天，大学者刘基先生来到了街市上，看见有人在卖柑橘。只见这柑橘外皮金光闪闪，像玉石一样光洁，非常漂亮，价格则是普通柑橘的十倍。由于周围的人们都在抢购，刘老先生也忍不住买了一个。

回到家中，刘老先生将柑橘用刀一切——哇塞！一股"烟"扑鼻而来，差点把老先生呛得晕过去！仔细一看，只见柑橘的里面就如同烂棉絮一样。这也太过分了！刘老先生拿着柑橘找到那个摊贩，怒气冲冲地说："人们买水果，是用来祭奠祖先和招待宾客的。你这么做也太坑人了！”

卖柑者撇撇嘴，不紧不慢地说道：“我卖这种柑橘已经很多年了，我就是靠这吃饭的！那么多人买了我的柑橘都没有怨言，怎么就您不满意？再说，这世上骗人的又不止我一个，您怎么就和我过不去？”

刘老先生一时不知该如何对答。

卖柑者接着说：“先生您看，如今那些佩戴虎符、高高在上的将军，似乎很威武，但他们真有孙武、吴起那样的韬略吗？那些峨冠博带的文官，似乎也是国家的栋梁，但他们真能建立像尹、皋陶那样的丰功伟业吗？盗贼蜂起，他们不敢抵御；人民贫困，他们不屑扶助；官吏腐化，他们不愿整肃；法纪颓败，他们也不去治理。他们整天不知羞耻地消耗着国家的俸禄，坐高堂、骑大马，整天山珍海味。他们哪一个不是威风凛凛、道貌岸然，又何尝不像我的柑橘一样，是金玉其外，败絮其中呢？为何您对这些不闻不问，却偏偏挑剔我的柑子呢？”

刘老先生更是无言以对。

【随感】

卖柑者卖出了那么多假冒伪劣的柑橘，却只有刘老先生一人来找摊贩算账。如果大家都来维护消费者的合法权益，估计那贩子早就卷铺盖滚蛋了。

一般人们吃了亏总是不甘心的，但奇怪的是这一次大家为什么就默许了呢？究竟是人们已经习惯了“败絮其中”，还是真的喜欢上了“金玉其外”呢？

麻木的人心，比败絮的柑橘更可怕。

★沃土之根

[战国]张仪:“种树不处,则伤本。”

——《战国策·秦策》

【背景介绍】

战国末年,秦国日趋强大。面对着虎视眈眈的秦国,各诸侯国之间的外交关系也发生着微妙的变化,出现了“合纵”与“联横”之争。在这“纵横”的历史中轶闻趣事很多,但最有意思的莫过于纵横家张仪玩弄楚怀王的故事了。

公元前318年的函谷关战役后,楚国和齐国结成了紧密的联盟,秦国对此一筹莫展。

于是,张仪从秦国来到了楚国,向楚怀王承诺,只要楚国与齐国断交,秦国就将商于(今河南省淅川)的600里土地送给楚王。楚王一听高兴得合不上嘴,马上宣布和齐国断交。

三个月过去了，秦国却一点动静也没有。楚王认为是自己与齐国断交还断得不彻底，于是就派人到边境上大骂齐王，气得齐王七窍生烟。当楚国再次派人找秦国索要土地时，张仪却翻脸不认账，只答应给6里。

楚王觉得受了奇耻大辱，不听劝阻，于公元前312年发兵10万攻打秦国，而齐国则与秦国站到了一起。结果楚军几乎全军覆没，损失了大将屈匄，并又丢失了汉中600里的肥沃土地。

但是张仪并没有被胜利冲昏头脑，而是劝秦王将汉中还给楚王。张仪说："汉中，其实是个祸害。就好比树种的不是地方，就会伤到树根（种树不处，则伤本）；家中有不应该有的财物，必然会招来盗贼的伤害。楚国会拼死来抢汉中，因此汉中是国家的祸患。"

秦国要归还汉中，但愤恨中的楚王不要汉中，只要张仪一人。张仪于是就冒死深入虎穴。

到楚国后，张仪马上被囚禁，等待着楚王的杀戮。但张仪早已在暗中买通了楚王最宠爱的妃子郑袖。在郑袖的吹风之下，楚王不仅放张仪回国，还依张仪所说与秦国恢复了"友好"。楚国大夫屈原看透了这一系列阴谋，但是惨遭放逐。

楚国此举激怒了强大的齐国，于是，楚国的噩梦开始了……

【随感】

可怜的楚王就像一片枯叶，东飘西荡，任人玩弄——就是因为他心中缺少"根"。

根，意味着深深扎入大地，任凭狂风呼啸而不动摇；根，也意味着广泛地吸纳营养，化腐朽为神奇；根，更意味着"野火烧不尽，春风吹又生”，坚韧顽强地向着阳光攀升。

根，就是心中纯正的见解、坚定的誓愿，也是那一念慈悯之心。纵然人生充满着挫折和诱惑，纵然疾风骤雨能将枝干摧折、能让树叶飘零，我们还是咬紧牙关，留住那赖以生生不息的根吧。

★莫问前程

[战国]郑詹尹:“尺有所短,寸有所长。用君之心,行君之事。”

——《楚辞·卜居》

【背景介绍】

话说楚国大夫屈原,忧国忧民,却受到奸党的陷害而被放逐他乡,连着三年都不能见到楚王。屈原心中一片茫然,不知该何去何从,于是就向太卜(负责占卜算卦的官员)郑詹尹询问自己的前程。

屈原问道:“我到底该如何?是该为国家尽忠,还是为名利奔波?是该仗义执言,还是苟且偷生?是该洁身自好,还是同流合污?是该像骏马一样昂昂千里,还是像水鸟一样泛泛波中?是要与鸿鹄比翼,还是与鸡鸭争食?孰吉孰凶?何去何从?”

屈原还激愤地谴责了世道的浑浊颠倒:“蝉翼为重,千钧为轻;黄钟毁弃,瓦釜雷鸣;谗人高张,贤士无名。吁嗟默默兮,谁知吾之廉贞?!”

听到这里,郑詹尹放下了手中算命用的竹签,说道:“我恐怕帮不了先生的忙了。您看,一尺虽长,但有时却会觉得它短;一寸虽短,但有时恰恰觉得它长。(尺有所短,寸有所长。)世间的事物就是如此的变幻莫测,超出了人们智慧的所及,也超出了算命先生所能预知的范围,就连神仙也都搞不明白这其中的玄妙。所以先生不用多虑,按照你自己意愿,去干您想干的事就好了。(用君之心,行君之事。)因为这确实不是我用占卜能预知的呀!”

《卜居》就记述了屈原与郑詹尹之间的这一段问答,文字优美,感情真挚,是《楚辞》中的一篇佳作。但也有史学家认为《卜居》不是屈原的原作,而是后人为了缅怀这一位伟人而写的。

公元前281年,秦军大举进攻楚国,衰败的楚国不堪一击。屈原见国破家亡,理想幻灭,在五月初五端午节那天抱着石头投汨罗江而死。楚国的百姓为了祭祀屈原,就向江中抛撒粽子,从此留下了这一传统。屈原死后3年,楚国彻底灭亡。

【随感】

尺有所短,寸有所长,这长长短短谁又能说得清?郑詹尹并没有给屈原答案,其实屈原也不需要答案。

真正的强者,是不会去算命的,因为去算命本身就意味着向命运屈服,而只要向命运屈服,就难免受到命运的捉弄。

很遗憾我们的屈原先生最终也没有逃过命运的掌心。笔者倒是真的希望能穿过时空隧道,来到那波涛滚滚的汨罗江边,一把拽住他说:“先生,坚强些!路还长着呢,让我们一起继续去求索吧!”

★燃起烛光

[春秋]燕相："举烛者，尚明也；尚明也者，举贤而任之。"

——《韩非子·外储说左上》

【背景介绍】

春秋时候，有一个人从楚国的都城"郢"给燕国的宰相写信。写信的时候天色已晚，光线渐暗，写信人就对旁边的仆人说："把蜡烛燃起来！（举烛！）"可是由于他写信写得太专心了，所以嘴里说着"举烛"，竟然就糊里糊涂地把"举烛"二字写到信里面去了。

燕国的宰相收到信后，看见了信中莫名其妙地夹杂着"举烛"二字，很是奇怪。经过一番琢磨，他似乎恍然大悟，解释道："'举烛'，就是要提倡清正开明的政策；要清正光明的政策，就要任用贤才。（举烛者，尚明也；尚明也者，举贤而任之。）"于是他带着这封信去向燕王禀告。燕王一听也很高兴，于是就按照燕相对于"举烛"的理解，选拔任用贤才，实行开明的政策，居然也把燕国治理得很好。

这则故事被人们总结为了成语“郢书燕说”，来嘲笑那些望文生义、穿凿附会的人。不过对于这个成语，后人也有不同的看法，如清朝的纪晓岚在《阅微草堂笔记》中说道：“……是不必然，亦不必不然，郢书燕说，固未为无益。”

【随感】

燕国最终能实行开明的政策、百姓能安居乐业，这绝不是一个偶然的巧合，而是燕王、燕相乃至燕国全体百姓的品德、智慧和福报累积到一定程度的必然结果。其实早在这封信到达燕国之前，燕国的烛光已经燃起。

既然每个人心中都埋藏着烛光，既然长夜是如此的寒冷如此的迷茫，我们何不早早地燃起烛光呢？

★曲高和寡

[战国]宋玉:“是其曲弥高,其和弥寡。”

——《文选·对楚王问》

【背景介绍】

宋玉(前403—前321)是战国时期楚国著名的文学家,擅长楚辞,传说是屈原的弟子。宋玉的著名作品有《九辩》、《高唐赋》、《神女赋》、《对楚王问》等。由于他继承了屈原的辞赋风格,故后人常将屈、宋并称。

宋玉相貌出众、风流倜傥,再加上深得楚王的宠爱,所以行为上放荡不羁,因此招惹了一些微词。特别是宋玉写的文章许多人都看不懂,人们就认为他孤傲、卖弄。于是有一天楚王就问宋玉:“你是不是有什么地方做得不好?怎么大家都对你有意见?”

宋玉说道:“大王可知,有一位歌手在我们都城的广场上唱歌。

开始他唱《下里》、《巴人》这些通俗歌曲时，有几千听众能跟着他一起唱；后来他唱像《阳春》、《白雪》等高雅的歌曲时，能跟着唱的只有几十人；最后，当他唱起了用‘商’、‘羽’和‘徵’等音调穿插谱成的曲子时，能跟着唱的人就寥寥无几了。所以说曲调越是高深，能跟着一起唱的人就越少。(是其曲弥高，其和弥寡。)”宋玉用此来比喻自己的行为高超，不被世俗所理解，所以难免有人会说三道四。

后来，李白有诗写到了宋玉的这段故事：

宋玉事楚王，立身本高洁。
巫山赋彩云，郢路歌白雪。
举国莫能知，巴人皆卷舌。
一感登徒言，恩情遂中绝。

宋玉是否真像李白所写的那样“立身本高洁”，还是为自己的过错在狡辩，这一切由于时代的久远已经不得而知了，但“曲高和寡”这一现象，却是一个不争的事实。

【随感】

“阳春白雪”也好，“下里巴人”也好，都是人们心性的流露。

在一颗完整的心灵中，应该既有那蓝天白云之上的傲气刚骨，也有那阳光泥土中的平等包容；既有对真理的不懈追求，也有对生命的细致关怀；所以，他既能勇敢地走向孤独，也能勇敢地走向大众。

从这样的心灵中流露出来的——无论是高是低、是俗是雅——一定是生命最真实、最美妙的旋律。

★兼听则明

[唐]魏征："兼听则明，偏听则暗。"

——《新唐书·魏征传》

【背景介绍】

魏征(580—643)，字玄成，唐朝初期著名的"诤臣"。所谓"诤臣"，就是在君主迷惑颠倒的时候，能直爽地提出批评，冒死进谏的忠臣。魏征就是以讽谏出名，被誉为"前代伊臣一人而已"。

唐太宗李世民即位后，把魏征提拔为谏议大夫。魏征经常仗义执言，劝太宗诸如不要意气用事，要防微杜渐、善始善终等等。

唐贞观十三年(639)，唐太宗开始有了奢靡放纵的倾向，于是魏征呈上了著名的《不克终十渐疏》，对唐太宗提出尖锐的批评。在疏中魏征指出，与贞观初年相比，国家在十个方面都有了今不如昔的倒退。魏征言词的直爽和锋利弄得太宗都下不来台。

魏征在任期间，先后陈谏了二百多次，其中就有“水能载舟，亦能覆舟”等著名的谏言，对唐初的“贞观之治”起到了重要的作用。

有一次，唐太宗问魏征：“历史上的君主，为什么有的人明智，有的人昏庸呢？”魏征说：“广泛采纳各方面的意见，就明智；对单方面的话偏听偏信，就昏庸。（兼听则明，偏听则暗。）”魏征还列举了历史上的尧、舜等明君，和秦二世、隋炀帝等昏君作为例子，向唐太宗指出：如果君主能够虚心纳谏，就能了解下面真实的情况，就能知道百姓的疾苦，那么即使朝中有奸臣作乱，君主也不会轻易受蒙蔽。

贞观十七年(643)，魏征病逝，唐太宗伤心地说：“人以铜为镜，可以正衣冠；以古为镜，可以见兴替；以人为镜，可以知得失。今魏征殁，朕失一镜矣！”

【随感】

一群盲人摸一头大象，每个人所摸到的都不同，但都是大象的一部分。

每一个声音的背后都有一个生命，每一个生命都处在自己的境界之中。只有“将心比心”地去体会每一个生命，才能体会更广大纵深的世界，才能建立起更完整的思想大厦。

而其中，把握自己的心最重要。正如古人对千千万万“摸象者”所勉励的：“愿诸仁者反摸其眼。得具眼已，象不须摸。”

远见篇

★长久大计

[春秋]雍季："竭泽而渔，岂不获得？而明年无鱼；焚薮而田，岂不获得？而明年无兽。"

——《吕氏春秋·义赏》

【背景介绍】

春秋时，晋文公曾与楚军在城濮进行过一场大战，结果晋军大获全胜。

在战役之前，晋文公召见其舅父咎犯说："敌众我寡，这该如何是好？"咎犯说："我听说，崇尚礼节的国君，怎么修饰也不觉得满足；喜欢征战的国君，怎么狡诈也不觉得过分。作战要想取胜，一定要用欺诈的计策。"

晋文公将这番话告诉了大臣雍季。雍季说："如果捕鱼时将湖水抽干，肯定能捕到，可是明年就没有鱼可捕了；狩猎时烧光山林，也肯定能有收获,可明年就没有野兽可得了。(竭泽而渔,岂不获得?而明年无鱼;焚薮而田,岂不获得?而明年无兽。)欺诈的计策也是如此,现在虽然能侥幸得到一些暂时的利益,但是这利益以后就不会再有了,因为这不是长久之计。"

晋文公按照咎犯的建议,用狡诈的计策击败了楚军。当大军凯旋而归、论功行赏时,晋文公却将头等功给了雍季。大臣们不解地问:"这次战役的胜利应归功于咎犯的谋略。您用了咎犯的计策,却怎么首先赏赐雍季呢?"晋文公说:"雍季的建议,是可以带来长久利益的根本大计;咎犯的计策,只是一时救急的权宜之用。怎能将一时之用放在长久大计前面的呢?"

孔子在评述晋文公的这段故事时赞叹道:"危急时刻,使用诈伪的方法,足以取得军事上的胜利;治国时,尊崇有道德的贤才,足能报恩,足以彰显德行的力量。晋文公虽然不能最终称王于天下,但足以在诸侯中称霸了!"

【随感】

人在世间,离不开空气、食物和水,也离不开人格的尊严、道德的规范、信任、亲情、友情等等许许多多无价的东西。

当蓝天变得灰暗,当溪水变得浑浊,当人们变得冷漠,当世间难以再找到诚信,这个世界究竟还能再支撑多久?如果是那样,人类将比那泥潭中喘息的鱼、比那火光中惊惶的野兽更加可悲,因为不是别人——正是人类自己,抽掉了自己赖以呼吸的水,烧掉了自己赖以生存的家。

★奇货可居

[战国]吕不韦："此奇货可居！"

——《史记·吕不韦列传》

【背景介绍】

战国时代，卫国的大商人吕不韦来到了赵国的都城邯郸做生意。一个偶然的机会，吕不韦在路上看见一位少年在寒风中瑟瑟发抖。这少年的衣着十分破旧，似乎很穷苦，但是他气宇非凡，与众不同。这引起了吕不韦的注意。

通过向人询问，吕不韦得知这位少年就是秦昭王的孙子、秦太子安国君的儿子，名叫“异人”，正在赵国作为人质。由于当时赵国与秦国经常交战，关系不好，所以赵国故意刁难异人，使他穷苦到买不起御寒的衣服。

精明的吕不韦马上意识到，如果在这个年轻人身上“投资”，必将得到巨大的回报，因此自言自语道："这可是个奇异的珍宝，我可要把他据为己有，将来卖个好价钱！（此奇货可居！）"

吕不韦回到家，问他的父亲说："种地能得到多大的利益？"父亲说："十倍。""那贩卖珠宝呢？""一百倍。"吕不韦接着问："那如果把一个人扶植成了国君呢？"父亲答道："那就无法估量了！"

于是，吕不韦下了决心。他用高价行贿，终于将异人赎回了秦国，并重金买通了安国君最宠爱的妃子——华阳夫人，让没有儿子的华阳夫人收异人做儿子。

秦昭王死后，安国君继承王位，史称"孝文王"，异人被立为太子；不久，孝文王去世，异人终于登上了王位，史称"庄襄王"。

庄襄王非常感激吕不韦，任命他为宰相，封侯十万户。庄襄王死后，其子嬴政（秦始皇）继位，他称吕不韦为"仲父"，吕不韦从此更是权倾一时，富甲天下。

【随感】

金银珠宝不足为贵，人，是最重要的。提高自己，培养人才、任用人才——把钱用在这些地方很是值得。

进一步，如果说对知识、对人才投资所带来的物质回报还是有形的、有限的，那么对品德、对人心的"投资"所得到的回报就是无形的，也是无量的，所谓的"永有利息在人间"。

再进一步说，其实根本不必向外面苦苦寻找，我们每个人心中都有一个"奇货"，本自清净、本自具足，本来明灵洞彻、本来光彩照人。

★一叶障目

[战国]鹖冠子:“一叶蔽目,不见太山;两豆塞耳,不闻雷霆。”

——《鹖冠子·天则》

【背景介绍】

战国时代,楚国有一个人家里非常的穷困。

一天,他在读《淮南方》(民间一本讲方术迷信的书,已失传)的时候,看到书中说道,螳螂在捕蝉的时候经常会隐蔽在一片树叶后面,这片树叶就不同一般了。如果人能用这一片叶子遮住自己,就能隐身。

读到这里他非常高兴,马上跑到了树下仰头观看。经过苦苦的守候,他终于等到了一只螳螂躲在树叶后面伺机捕蝉。他伸手去摘那片树叶的时候,一不小心,树叶从他手中滑落,飘到了树下,与满地的落叶混在了一起。他没有办法,只得将树下的所有落叶扫到了一起,一簸箕一簸箕地运回家。

回到家中,他就一片接一片地举起树叶"遮住"自己,一次次地问他老婆:"能看见我吗?"他老婆一次次地回答:"能看见!"就这么一次次地折腾,终于把老婆惹烦了。当他再次举起一片树叶时,他老婆赌气地说:"看不见!"

他一听就高兴地蹦了起来,马上带着这片树叶跑到了集市上,一手拿着树叶"掩护"自己,另一只手就去乱抓别人的东西……结果可想而知。他被人们押到了县衙门。但是当县官听完了他讲述的前前后后的经过,不由得哈哈大笑,并没有治他的罪,而把这个蠢材放回了家。

好事不出门,坏事传千里。这段故事很快就在楚国流传开来。

楚国的深山中有一位隐士,没有人知道他的真实姓名,只是由于他用鹖鸟的羽毛为冠,因此人们称他为"鹖冠子"。鹖冠子在听说了这段故事之后,感慨道:"一叶蔽目,不见太(泰)山;两豆塞耳,不闻雷霆。"

【随感】

巨大的泰山竟然被小小的树叶所遮障，也确实是一件看似平常但却不可思议的事情。

就如同人在做梦,梦中的泰山是那么大,树叶是那么小,但是当梦醒的时候,哪里还有所谓的"大"与"小"呢？这"大"和"小"也只是一个虚幻的概念,所以树叶可以遮蔽泰山,微尘可以容纳世界,万古可以融入一念。

★皮毛相依

[战国]魏文侯:“不知其里尽,毛无所恃也!”

——《新序·杂事第二》

【背景介绍】

魏文侯魏斯是战国初期一位贤明的君主。他任用李克、李悝、吴起、西门豹等人才,变法图强,使魏国成为了当时最强大的国家。

一次,魏文侯外出巡游,看见有一个人穿着裘皮的衣服,背着一捆干柴在路上走。这个人很奇怪,他将衣服反穿着,把毛穿到里面,而把皮里子穿在外面。

魏文侯就问他为什么要反穿皮衣,那人答道:“保护衣服上的毛,怕被磨掉。”魏文侯说:“你难道不明白,如果衣服的皮里子被磨尽了,那毛还能附着在哪里呢?!”

第二年,魏国的东阳地区上缴了十倍于往年的税钱,大臣们都争相向魏文侯表示庆贺。但魏文侯却说:“这不值得庆贺!东阳的土地还是那么大,人口还是那么多,而上缴的税一下子就翻了十倍,这肯定是靠压榨搜刮老百姓才得来的,而百姓正是我们的所依!这就如同那个愚蠢的路人,只知道爱惜衣服的毛,却不懂得如果衣服的皮里子被磨尽了,上面的毛就无处安身了!(不知其里尽,毛无所恃也!)这样下去,国家怎能长治久安?我正为此而不安呢!”

【随感】

记得郑智化在《水手》中唱道:“骄傲无知的现代人,不知道珍惜……”当时听这句歌词的时候感到很奇怪:现代人掌握着那么多的科学技术,怎么能说是“无知”呢?今天读到这则故事才发现,现代人与那个反穿着皮衣的愚夫有着惊人的类似。

亡羊补牢,为时未晚。趁着皮子还没有彻底磨穿,耐心地修补,可能还有救。

★千虑一失

[西汉]李左车:“臣闻智者千虑,必有一失;愚者千虑,必有一得。”

——《史记·淮阴侯列传》

【背景介绍】

汉高祖二年(前205),韩信的大军攻打赵国。赵军的统帅陈余不听谋士广武君李左车的建议,被韩信用“背水阵”打得大败,陈余被杀,李左车被俘。

韩信一向仰慕李左车的才能,便亲自为他松绑,并且给予上座。韩信十分恭敬地请教说:“向北攻打燕国,向东边讨伐齐,如何才会成功呢?”李左车很羞愧地说:“败军之将,何足言勇?亡国之士,不可图存!我一个俘虏哪有资格谈论军国大事呢?”韩信说:“先生可知,当初百里奚在虞国当谋士,而虞国被晋国灭亡;后来他辅佐秦国,秦国却称霸天下。百里奚依旧还是百里奚,所不同的是国君是否对他信任,能不能听进他的建议。如今陈余的失败,是因为他不肯听取您的意见。他若听从,我现在早已是您的阶下囚了。现在我是至诚地向您求教,万望先生不要推辞。”

李左车终于被韩信的至诚所感动。于是他说:“我听说:聪明的人考虑一千次,难免会有一次错误;愚蠢的人考虑一千次,也可能有一次是对的。(臣闻智者千虑,必有一失;愚者千虑,必有一得。)所以我的建议也未必都正确,只不过贡献一点愚忠而已,谨供将军参考。”

接下来,李左车就建议韩信“以己之长攻敌之短”,不要以自己的疲惫之师攻打燕国牢固的城池,而是按兵不动休养生息,同时大造声势,以武力威慑迫使燕国投降,然后再如此降伏齐国。韩信依从李左车的计策,燕国和齐国果然望风归降。韩信从此为刘邦扫平了北方。

根据史料,这句话是由《晏子春秋》中的“圣人千虑,必有一失;愚人千虑,必有一得”演变而来。

【随感】

“自信”与“自负”,“谦逊”与“优柔”,“谨慎”与“胆怯”,“勇敢”与“莽撞”……失之毫厘,谬以千里,而人生的成败就在于这“心术的毫厘之辨”,这也是人生智慧中最微妙最难以言传的地方,也是最能考验一个人的悟性和福气的地方。

也许只有达到了“无所得,亦无所失”的无我境界,傲然游舞于滚滚红尘之间,才可以称得上是真正的智者。

★后之视今

[西汉]京房："将恐今之视古，亦犹后之视今也！"

——《世说新语·规箴第十》

【背景介绍】

京房（前77—前37），字君明，本姓李，西汉汉元帝时期东郡顿丘（今河南清丰）人，曾任皇帝的侍从。

一次，汉元帝和京房谈论起了历史，说到了周幽王和周厉王这两个昏君。

自从公元前1046年武王伐纣，周朝建立，一直到公元前878年周厉王姬胡登基之前，周朝经历了将近二百年政治清明、国泰民安的好日子；但自从周厉王登基，周朝就走下坡路了。

"厉王"是他的谥号，就是他死后人们对他一生的评价。从这个"厉"字上，就不难看出他到底是什么样的一个人了。

周厉王不仅残暴，而且心胸狭隘，“防民之口，甚于防川”。他派出无数的密探到民间监视老百姓的言行，谁稍微有怨言就抓来杀头。老百姓在路上相遇只能相视，不敢说话。终于，百姓爆发了起义，杀入了皇宫，周厉王逃到了山西霍县，并死在那里。

周幽王是周厉王的孙子，他登基后却沉迷于女色。他最宠爱的褒姒虽然是绝顶的美女，但是自从入宫以来她就从来没有笑过。为了博得美人的一笑，周幽王竟然点燃了向诸侯们发送求援信号用的烽火。诸侯们看到烽火，以为是外族来入侵，纷纷带着援兵赶来，到了京城才知道被周幽王戏耍了。后来，外族真的入侵了，周幽王再次点燃烽火，但这时诸侯已经不再相信，不来相救。周幽王被外族所杀，西周灭亡，留下了“烽火戏诸侯”的笑柄。

谈到这里，京房问元帝：“周幽王、周厉王为何灭亡？”

元帝说：“他们所任用的臣子不忠。”

京房又问：“臣子不忠，为何还要任用？”

元帝说：“他们都自认为自己的臣子很忠诚；如果知道不忠，怎么会任用?!”

这时，京房向元帝跪拜，郑重地说道：“怕只怕我们今天如此看古人，将来后人也会如此看我们啊！（将恐今之视古，亦犹后之视今也！）”

【随感】

看历史容易，看“当下”难；看别人容易，看自己难；明白道理容易，真正做到难——正因为有这“三难”，所以尽管历史早已有如明镜一样昭昭地摆在那里，但是人们似乎依旧难以逃脱命运的掌心。

所以历史总会惊人的相似，总是可悲地在原地轮转。

就如同我们，看到历史、看到他人，都可以侃侃而谈，纵横古今；但是当铅华洗尽、尘埃落定之时，后人又该如何看待我们呢？

★覆巢之卵

[东汉]孔融之子:“大人,岂见覆巢之下复有完卵乎?”

——《世说新语·言语第二》

【背景介绍】

孔融(153—208),字文举,山东曲阜人,孔子二十世孙。4岁时以让梨而闻名天下,因曾做过北海相,所以又称“孔北海”。汉献帝建都许昌后,孔融任少府,曾被封为太中大夫。

孔融才华横溢,是“建安七子”之一,但是他恃才傲物,语言锋利,因此经常得罪人。他曾在禁酒的问题上与当权的曹操发生争执,被罢官。后又被任命为太中大夫。

建安十三年(208),曹操准备发动50万大军征讨刘备和孙权,孔融表示反对,但是曹操没有理睬。孔融就在背后说了几句蔑视曹操的话。不料这件事被与孔融一向不和的御史大夫郄虑知道了,报告给了曹操。曹操大怒,下令将孔融以“招合徒众欲图不轨”、“谤讪朝廷”、“不遵超仪”等罪名处死,并株连全家。

当曹操手下的官兵冲进孔府时,全家人都惊慌失措,只有孔融的两个儿子(一个8岁,一个9岁)还坐在那里若无其事地在下棋。孔融向曹操的使者哀求道:“我甘愿伏法, 但是能不能保全这两个孩子? ”这时,孔融的儿子不慌不忙地说:“父亲大人,您可曾看见过在倾覆的鸟巢下面还有完好的鸟蛋吗?(大人,岂见覆巢之下复有完卵乎?)”说完,他们就从容地跟着父亲一同赴死。

【随感】

这世界的奇妙因缘早已把每个生命紧紧地捆绑在一起, 所以不要说什么“与我无关”,因为等发觉与自己深切有关时,恐怕为时已晚。

爱护我们共同的自然家园和精神家园是大家无处逃避的责任,也是大家唯一的出路。否则大难临头时,不知大家是否还有当年孔融之子的那种从容和洒脱呢?

★睹于未萌

[西晋]索靖："会见汝在荆棘中耳！"

——《晋书·索靖传》

【背景介绍】

索靖(238—303)，字幼安，西晋末年敦煌龙勒人。

索靖是著名的书法家，后人对他评价道："其书名与羲（王羲之）、献(王献之)相先后也。"可见索靖在我国书法史上的极高地位。他所留下的墨宝《出师颂》价值连城，据说现在正以2000万元的价格在拍卖。

索靖的一生也是戎马的一生。他曾拜驸马部尉而出守西域，先后任酒泉太守、尚书郎、大将军、散骑常侍等职。303年敌人入侵，索靖在洛阳保卫战中牺牲，卒年65岁。

索靖所在的时代，正是西晋末期最腐败、最动荡的时期。晋武帝死后，继位的晋惠帝却是一个“白痴皇帝”，于是，野心家们蠢蠢欲动。先是赵王伦篡位，接着引发了八个太子为了争夺王位互相残杀长达16年，史称“八王之乱”。后来，匈奴人起义，刘渊称“汉帝”。刘渊死后，他的儿子刘聪继位，继续攻打晋国。

而早在很久之前，当洛阳城还是一片歌舞升平的时候，索靖似乎已经预感到了天下将大乱。他曾经对着洛阳宫殿门外铜铸的骆驼感叹道：“恐怕将来要在废墟荆棘中再见到你了！(会见汝在荆棘中耳！)”

索靖死后8年(311)，洛阳陷落，晋怀帝被俘。316年，长安陷落，晋愍帝被杀。维持了52年的西晋王朝终于灭亡。

【随感】

要想做出正确的判断，仅仅靠知识和经验的积累还是不行的，如果自身缺乏必要的品德修养，依然会“利令智昏”。

当索靖在感到山雨欲来而发出叹息的时候，洛阳城里更多的人则沉醉在灯红酒绿的浮华之中，完全没有预感到灾难即将降临。他们当中也不乏饱读诗书、精通历史的人，但是现实的诱惑使他们失去了应有的理性和警觉。

★冰山难久

[唐]张彖:“君辈倚杨右相若泰山,吾以为冰山耳! ”

——《资治通鉴·唐玄宗天宝十一年》

【背景介绍】

张彖,唐玄宗时期陕西人。他考中了进士以后,在华阴县衙门里面当了一个小官。当时,华阴县的各级官吏都腐败透顶,对上司溜须拍马,对百姓则压榨盘剥。张彖生性耿直,当然看不惯这一切,因此郁郁不得志。

唐玄宗天宝十一年(752),对于华阴县的大小官吏来说可有一件大事——在朝中刚刚当上宰相的杨国忠要来华阴县巡视了!

杨国忠的发迹全得益于他的堂妹杨玉环。杨玉环是绝色的美女,将唐玄宗迷得神魂颠倒。杨玉环被封为了“贵妃”,她的两个哥哥都封了官,三个姐姐都封为夫人,杨国忠则被封为了禁卫军参军。752年,宰相李林甫病死,杨国忠当上了宰相,独揽大权,横行一时。

这一天，华阴县的大小官吏们正在大堂上商量如何接待、巴结杨国忠。有人也劝张象去拜见杨国忠，为自己找靠山。张象说："你们认为杨国忠是可以倚靠的泰山，我看他只不过是冰山而已！（君辈倚杨右相若泰山，吾以为冰山耳！）等到太阳出来冰山融化，你们就要失去依靠了！"

此语一出，在场的官吏都目瞪口呆。张象也厌倦了官场的丑恶，辞官隐居山中。

果不出张象所料，三年后，由于杨国忠的胡作非为和唐玄宗的昏庸，灾难终于降临了。

755年11月，大将安禄山串通部下史思明发动叛乱，就是所谓的"安史之乱"。756年6月，叛军攻破潼关，唐玄宗带着杨氏兄弟姐妹仓皇逃往四川。当队伍行至马嵬坡（今陕西兴平县西）时，对杨氏家族怀恨已久的将士们发动了兵谏，杨国忠被杀，杨贵妃被逼自杀。

杨氏家族的"冰山"终于崩塌了。短短四年，张象的预言就应验了。

【随感】

何止是冰山，就连看似"坚固恒久"的泰山，也迟早会有崩塌的一天。

比起自然界来说，人世间的变化更迅速、更有戏剧性。在杨国忠之前，独揽大权的是宰相李林甫。那时肯定也有许多人把李林甫作为"泰山"来投靠。当李林甫垮台时，不知他们作何感想。而当他们转身投靠杨国忠时，是否想到这新靠山更短命呢？

★子死汝手

[北宋]张咏:“苟以七与子,则子死汝手矣!”

——《宋史·列传第五十二》

【背景介绍】

北宋的“乖崖先生”张咏知识渊博、足智多谋。

张咏在任杭州知府的时候,曾经判过一桩儿子与女婿之间的遗产官司。女婿向张咏呈上了其岳父的遗嘱,并说:“岳父大人去世时,他的儿子才三岁。岳父将其子托付给我照管,并由我管理财产。岳父在遗嘱上写得明白:将来分遗产时,三分给儿子,七分给女婿。”

张咏看了遗嘱后大惊,急忙取来一杯酒洒在地上,以表达对那位老岳父的敬佩。张咏说:“你的岳父是位有智慧的人。如果他在遗嘱中将财产的三分给女婿、七分给儿子,那儿子恐怕早就死在你的手上了！（苟以七与子，则子死汝手矣！）”

张咏最终判定：财产三分给女婿、七分给儿子。张咏此举，深得百姓的信服。

【随感】

像范仲淹、孔子这样世世代代长盛不衰的家族，与其说代代相传的是财富，不如说代代相传的是道德。

曾有一伙匪徒绑架了爱国华侨陈嘉庚的儿子，陈嘉庚告诉绑匪：“我的钱都是用于慈善事业的，不是给我儿子的。你们一分钱也拿不到！”绑匪无奈，最终竟然将他的儿子放了。

这确实是个奇迹，也正应验了司马光的那段家训：“积金以遗子孙，子孙未必能守；积书以遗子孙，子孙未必能读；不如积阴德于冥冥之中，以为子孙长久之计。”

★孰从吾命

[南宋]岳飞:"吾不从君命,将士孰从吾命乎?!"

——《直道录·孔子请讨陈恒》

【背景介绍】

南宋的民族英雄岳飞(1103—1142)精忠报国的故事在我国家喻户晓,残害岳飞的奸臣秦桧夫妇则被铸成了铁人,永远跪在杭州的岳飞墓前,永受世人的唾弃。

绍兴十年(1141),正当岳飞将金兀术打得落花流水,准备"直抵黄龙"取得最终胜利的时候,懦弱的宋高宗和秦桧却一心求和,连着发了十二道金牌班师诏,命令岳飞退兵。岳飞仰天长叹道:"十年之功,毁于一旦;所得州郡,一朝全休;社稷江山,难以中兴;乾坤世界,无由再复!"岳飞无奈,只得含着热泪班师回朝。

岳飞回到临安后,立即被解除了兵权。绍兴十一年(1142)八月，宋高宗和秦桧再次派人向金求和，金兀术要求“必须先杀岳飞，方可议和”。秦桧于是以“谋反”的罪名将岳飞等人下狱。

秦桧凶恶的原形已经毕露。因此有人替岳飞感到后悔，对岳飞说：“将军当初失策了！俗话讲：‘将在外，君命有所不受。’皇上十二道金牌召您回来，您可以不听嘛！”岳飞斥责道：“你真是个不懂事理的白面书生！我身为臣子，如果不服从君王的命令，那我怎么又能让我手下的将士服从我的命令呢?!（吾不从君命，将士孰从吾命乎?!）”

同年十二月二十九日，在临安的风波亭，秦桧以“莫须有”的罪名将岳飞毒死，其子岳云、部将张宪等也被杀害。直到58年后的1204年，岳飞才得以昭雪，被宋宁宗追封为鄂王。

【随感】

一种制度、一种原则，当你打破它的时候可能会带来暂时的方便，但因此而产生后患却往往是深远的、难以挽回的。

一次我陪同一位外国朋友外出，清晨的街道上一辆车也没有，但他就是一定要等绿灯亮才过马路。我笑他啰唆，但他很郑重地说：“要养成遵守规则的习惯。”

遵守规则的习惯——在这一次，这习惯可能会耽误你几分钟的时间；但是在下一次，这习惯就有可能救了你的命！

★渐不可长

[明]云栖袾宏："徙木者酬金，商君所以兴，亦所以败也；告讦者赐爵，天后所以盛，亦所以衰也。何也？其渐不可长也。"

——《云栖法汇·遗稿》

【背景介绍】

这是明末高僧云栖袾宏（莲池大师）对弟子的训诫。

莲池大师（1535—1615）是"明末四大师"之一。他不仅是一位佛学大师，而且对历史十分精通。

大师有一位做官的俗家弟子叫包心弦，性格直爽但有些鲁莽。他依从莲池大师的教导，经常买来活鱼到河中放生。但一次他看到有人划着船在河中捕鱼，一怒之下竟然把人家的破渔船给烧了。

莲池大师责怪他缺乏智慧，他却不以为然。他认为自己此举即保护了河里的鱼儿，也是不让渔人犯下杀生的罪，做得很有道理。

于是，莲池大师便举出了历史上商鞅和武则天的例子作为反面教材，对他进行训诫。

“徙木者酬金”是指秦国的商鞅在进行变法时，为了取信于民，他在城的南门立了一根不太重的木头，发出公告说，谁要能将此木头搬到北门，就赏五十两黄金。有人真的这么做了，果然得到了赏赐。于是，商鞅在民众中树立了威信，变法得以顺利进行，使秦国迅速强大并最终统一天下。商鞅的变法虽然使秦国迅速强大，但其严厉的法令却使老百姓苦不堪言，最终爆发的大泽乡起义，使秦王朝土崩瓦解，商鞅自身也早已落得个五马分尸的下场。

“告讦者赐爵”是指唐朝武则天用高官厚禄收买了许多告密者，使她得以铲除掉了许多政敌。武则天虽然凭借着告密者达到了权力的巅峰，但也培养出了周兴、来俊臣等恐怖的恶魔，使朝中人人自危。武则天因此远君子而近小人，为自己埋下了祸根。

【随感】

徙木酬金，告讦赐爵，这是商鞅和武则天成功的法宝，同时也是他们失败的祸根。究其原因，正是“其渐不可长也”（这样的风气不可助长）。

商鞅和武则天之所以失败，正是因为他们并没有从“厚德载物”的根本大计出发，而是一味地依赖诸如赏罚、告密等种种伎俩。当这些伎俩一旦成为一种风气，其所带来的祸患将远远超过其带来的蝇头小利。

刚正篇

★天知地知

[东汉]杨震："天知、地知、你知、我知，何谓无知？"

——《后汉书·杨震传》

【背景介绍】

杨震（59—124），字伯起，陕西华阴人，东汉时期的著名文学家，早年一直从事教育工作，被人们尊称为"关西夫子"。他五十岁时才开始做官，历任刺史、太守、太常、司徒等职。杨震为官清廉，从来不肯接受贿赂。

杨震留有一段"暮夜却金"的故事。

杨震从荆州刺史调任东莱太守，赴任时途经昌邑县，这个县的县令王密正是杨震过去的学生，其县令的职位还是杨震推荐的。

深夜，王密前来拜访，还送来了十两黄金。王密此来不仅仅是为报师恩，因为昌邑县隶属于东莱，杨震正是他的顶头上司，其用意不言自明。杨震看到黄金,说:“作为老朋友,我是了解你的,可你为什么不了解我呢?(故人知君,君不知故人,何也?)”王密说:“现在夜深人静,不会有人知道。(暮夜无知者。)”杨震呵斥道:“天知、地知、你知、我知,何谓无知?”王密只得带着金子羞愧地回去了。因此,人们就称杨震为“四知先生”。

到了明代,石宝在《暮夜金》中感叹这一段故事:“暮夜金,光陆离,故人心,君不知。”

据记载,杨震后来任涿郡太守,依旧两袖清风,从来不接受别人的私下拜谒。他自己的生活很俭朴,子孙也常“蔬食步行”。有人劝杨震为子孙置办一些产业,杨震不肯,说:“留给子孙清白的名声,不正是给子孙的厚礼吗?”

【随感】

任何行为和思想都会在内心留下痕迹,而这痕迹迟早有一天会发生作用。一个人纵然能欺骗全天下,但却无法欺骗自己的心。

相信大家还记得陈毅老总用浓重四川口音所说的那句:“善有善报,恶有恶报,不是不报,时候未到。时候一到,一切都要通通地报销!”

★人的标签

[晋]陈留小吏："向谓君侯问'人'，不谓问'位'。"

——《晋书·列传四十七》

【背景介绍】

蔡充，字子尼，晋朝时期陈留郡(今河南开封市陈留县)人。他博学多才而淡泊名利，虽然有很高的名望，却不愿结交权贵，因此也没有什么权势。当时，在陈留郡还有一个人才——江应元，也与蔡充的情况类似。

一次，"琅邪王"师何澄经过陈留境内，陈留太守就派一个小吏前去迎接。师何澄就向小吏询问："你们陈留境内都有些什么人才啊？"

小吏回答："有蔡子尼、江应元。"

师何澄感到很奇怪，因为他早就知道陈留郡的许多位高权重的“大人物”，却单单没听说过这两个人。师何澄就将自己知道的“大人物”的名字逐个报给小吏，并问小吏：“他们难道不是你们陈留郡的人吗？”

小吏答道：“他们是的。”

师何澄一脸的不高兴：“那我刚才问你的时候，你怎么仅仅说出蔡子尼、江应元两人？”

小吏答道：“刚才您问的是‘人才’，而不是问‘权位’。（向谓君侯问‘人’，不谓问‘位’。）”

师何澄听后也笑了。

师何澄来到城中，见到了陈留太守，赞叹道：“早就听说陈留郡有礼贤下士的风气，今天一见，连小小的官吏都懂得这个道理，看来真是名不虚传啊！”

【随感】

人在这个世间，赤条条地来，赤条条地去。在这来去之间，人不仅穿上了衣服，还被贴上的各种“标签”：这是“某国士兵”，那是“某省人”，这是“某董事长”，那是“某某大人”……

但是，标签再漂亮，也终究要摘下，人终究要面对赤裸裸的生命本身。还是看澡堂的老大爷一语道破天机：“甭管你多大的官、多有钱，脱光了，还不都一样?!”

★鹰眼犹存

[东晋]孔群:“鹰化为鸠,众鸟犹恶其眼。”

——《世说新语·方正第五》

【背景介绍】

孔群是东晋时代的名士,曾任御史中丞。

东晋咸和二年(327),苏峻发动叛乱,阜陵县县令匡术也加入了叛军的行列,成为了苏峻的走狗。

当苏峻的叛军攻入都城建康(南京)时,孔群正在驻守横塘(今南京莫愁湖),被匡术的军队所围困,差点被匡术所杀。

后来,叛乱被平息,苏峻被杀,匡术向朝廷投降。丞相王导为了维护自己的权势,不仅把匡术保全了下来,还给予了重用,匡术于是再一次小人得志,横行霸道。许多人为了自身的利益,也不顾匡术过去的累累罪行,对匡术卖身投靠。

一次,孔群在路上遇到了匡术。只见许多宾客在匡术周围前呼后拥、溜须拍马,好不热闹;而匡术本人更是趾高气扬,不可一世。

匡术过来和孔群说话,孔群并没有理会他,而是自言自语地说:“老鹰就算是化成了布谷鸟,众鸟依然会看出它凶恶的目光!(鹰化为鸠,众鸟犹恶其眼。)”(注:在古代,民间认为在每年春分的时候老鹰会变为布谷鸟,到秋分的时候布谷鸟再变回老鹰。)

匡术看来真的是恶习不改,他在愤怒之下拔刀就要杀孔群,这时孔群的堂兄车骑将军孔愉过来一把抱住了匡术,求情道:“我堂弟疯了。你看在我的面子上就放过他吧!”匡术这才罢手。

【随感】

孙悟空可以七十二变,但是他也不是想怎么变就怎么变的,他的猴尾巴就是一个棘手的难题。尽管他神通广大,但也必须遵循某种不可抗拒的规律。

眼睛是心灵的窗户。一个人纵然可以伪装成各种模样,但是在一个心地清净的智者面前,他的眼神却是无法撒谎的。那么,面对这个世界,别人从我们眼中又会读到什么样的目光呢?

★石有赤心

[唐]李昭德："此石赤心，他石尽反邪?！"

——《资治通鉴·卷二零五》

【背景介绍】

李昭德是唐朝武则天时期的宰相，为人刚正不阿。即便在奸臣酷吏横行、文武百官都"明哲保身"的时候，李昭德依旧不顾危险，对武则天直言相劝，与奸臣斗争到底。

武则天喜欢"祥瑞"，官员们就投其所好，争着献呈"祥瑞之物"，而李昭德非常痛恨这样的谄媚之举。

有一次，襄州人胡庆献上了一只"祥瑞"的乌龟——乌龟的肚皮上有红色的"天子万万年"五个字。武则天一听非常高兴。而就在这时，李昭德将乌龟拦了下来。他用刀刃在乌龟的肚皮上轻轻一刮，红色的笔画立刻就掉了下来——原来是红色的漆！李昭德立即就将此人拿下，奏请武则天治这个人的罪。武则天说："尽管这个人在欺骗，但其用心还不是太坏。"于是就将此人放了。

还有一次，有人从洛水之滨献上了"赤心之石"。这石头外表洁白，但是剖开后，里面是红色的。此人就说："这块石头是赤胆忠心。"这时，李昭德愤愤地问道："若是这样的石头有赤心，那难道其他的石头就都是要谋反吗?!（此石赤心，他石尽反邪?!）"那人张口结舌，不知如何是好。

左右的人都哄堂大笑，就连武则天脸上都有点挂不住了。

【随感】

"谄媚"绝不仅仅是官场中小人的专利，它早已渗透到我们每一个人的心中。面对老板、面对上级、面对一切能使我们得到"利益"的人，谁心里没有点讨好的念头呢?

向别人谄媚固然可恶，但喜欢别人对自己谄媚则更加可怕。"众口铄金"，不仅仅是指毁谤，"捧杀"的力量更大。

★李母教子

[唐]李景让母："士不勤而禄，犹灾其身，况无妄而得！我何取？"

——《新唐书·列传一百二》

【背景介绍】

李景让，唐朝士大夫，历任御史大夫、西川节度使、太子少保等职。

李景让的母亲郑氏，平时家教极严，教育子女时总是以身作则。在早年李家还是很贫困的时候，在一次整修家中的围墙时，仆人在墙根下发现了埋藏的许多钱财，这对于困难中的李家来说无异于雪中送炭。仆人兴冲冲地来向李母禀告，但不想李母却严肃地说："如果一个人劳动不勤苦却能得到丰厚的俸禄，往往都会遇到灾祸，更何况是不劳而获的横财呢！我有什么资格拿这些钱呢？（士不勤而禄，犹灾其身，况无妄而得！我何取？)”于是她命令仆人将钱又埋回原处。

即使在李景让长大为官后，李母依旧没有放松对他的管教。尽管她年事已高，但只要看到儿子有过错，依旧会训斥甚至鞭打；儿子改过后，又会像往常一样欣喜。

一次，李景让在盛怒之下草率用刑，杖杀了一名副将，军中将士因此心怀不满，图谋叛乱。在这危急关头，李母挺身而出，在大庭广众之下痛斥儿子的草率用刑，并要鞭打李景让，直到将士们再三流泪劝阻才作罢，军心从此稳定下来。

【随感】

在不少人的印象中，古代的妇女都是被三从四德束缚惯了的小脚老太太，在封建礼教中苦苦挣扎。其实，在中国历史上曾涌现出许多优秀的女性、优秀的母亲，其远见、其眼光、其丰富的精神内涵，同样能让今天的一些母亲汗颜。

今天的许多母亲，除了望子成龙般地逼着孩子去学弹琴、学画画、学英语，还能给孩子多少精神上和品德上的教育呢？

★奸吏乱法

[唐]柳公绰："赃吏犯法，法在；奸吏乱法，法亡。"

——《资治通鉴·卷二四三》

【背景介绍】

柳公绰(726—830)，字宽，唐朝名臣，唐文宗时任兵部尚书。

柳公绰从小就待人宽厚，知道孝顺父母。柳公绰所受的家教极严，"起居皆有礼法"，学习时则非圣贤的经典不读。柳公绰长大之后，"举贤良方正，直言极谏"。后登科及第，任渭南尉。

柳公绰在任渭南尉时，正逢严重的灾荒，柳公绰就下令官府节减开支，减少税赋。柳公绰自己也以身作则，节衣缩食，"每饭不过一器"。部下劝他吃得好一些，柳公绰说："四方病饥，独能饱乎？"渭南的民众中饿死的要比其他地方少得多。

柳公绰任山东节度使时，经常到各方巡视。一次，柳公绰来到邓县,见有两个官吏被捕下狱,其中一个是贪污公款,另一个则犯了“舞文罪”,即篡改扭曲法律以牟私利。邓县县令以为柳公绰廉洁刚正,一定会严惩那个贪污犯,但是出乎人们的预料,柳公绰却给予那乱法者更加严厉的惩罚。

柳公绰解释道:“贪污的官吏触犯了法律,但是法律还在;而奸诈的官吏扭曲搅乱了法律,法律就会衰亡。(赃吏犯法,法在;奸吏乱法,法亡。)犯法者的祸害只是一时的,而乱法者的祸害却是无穷的。”

【随感】

伪善者的心中隐藏着邪恶,但他的祸害只是一时的;而那些自诩“真实”而以作恶为荣耀的人,搅乱了人们心中的是非标准,其祸害是无穷的。

“满嘴的仁义道德,一肚子男盗女娼”确实令人痛恨,但假如有一天“男盗女娼”不再是耻辱,而是一种荣耀、一种时尚,那恐怕更是一个猪狗不如的世界。

★史官在此

[北宋]张霭:“但有史官在耳！”

——《夜航船·卷六·选举部》

【背景介绍】

宋太祖赵匡胤在夺取了天下之后，不知不觉中也染上了放逸的毛病。而宋太祖手下有个大臣叫张霭，性格刚直倔强，经常直言劝谏皇上，有时还把皇上弄得下不来台。

一次，宋太祖正在后花园中与宫女们用弹弓打鸟取乐，外面张霭急切地求见。等到张霭汇报完事情，宋太祖一脸的不高兴:“原来你要汇报的都是些鸡毛蒜皮的小事，就搅了我的雅兴！以后遇到这样的小事就不要打扰朕！”张霭也不客气，答道:“再小的事情也是国家大事，也比您用弹弓打鸟重要！”

这一下真的把宋太祖惹火了，他倒举起一把斧头，抬手用斧柄就朝张霭脸上打去，一下子就打落了张霭的两颗门牙。张霭蹲下来，一手捂着流血的嘴，一手慢慢地在地上去拣被打落的两颗牙。

宋太祖愤怒地问道："难道你还要以此为物证，来诉讼朕吗?！"张霭答道："臣怎么敢诉讼陛下呢？但自有史官将此事写进史书中去！（但有史官在耳！）"

宋太祖一听如梦初醒，知道自己错了，慌忙向张霭赔礼道歉。

此事在司马光的《涑水纪闻》中也有记载。

【随感】

一只蝴蝶扇动一下翅膀，搅动了空气，经过一系列传递，却在千里之外形成了巨大的风暴。人世间的每一个事物之间确实都存在着微妙不可思议的联系。

这世间的每一个行为、每一句话，乃至每一个念头，都如蝴蝶扇动的翅膀，会辗转带来深刻的影响，这就是天地间有一位无形的"史官"。当人们想要瞒天过海时，不知是否听到了云层中隐隐的怒吼："史官在此！"

慈悯篇

★网开三面

[商]成汤："欲左则左，欲右则右，欲高则高，欲下则下，吾取其犯命者。"

——《新序·杂事第五》

【背景介绍】

成汤（商汤）是商朝的开国始祖。他推翻了夏朝最后一个昏庸残暴的国君——桀，建立了商朝。成汤是一位贤明仁德的君王。他上体天意，下顺民心，每年都要多次出巡，探访民间的疾苦。

一次，成汤在野外巡游，看见一个猎人正在四面张布猎网，嘴里并在不断地祈祷："愿天上飞降的、地下钻出的、四面跑来的，全都落进我的网中……"

成汤的心非常慈悲，不忍心看到有那么多的生灵将要命丧网中，但是他也不好不让猎人打猎——毕竟人家就是吃这碗饭的嘛！

成汤想了想，心生一计。他对猎人说："你看，蜘蛛结网捕食，它的网只有一面。人也该向它学习。"于是成汤就下令将三面的网拆除，只留下一面。

网只剩下一面了，那原来的祈祷词就不合适了。怎么办呢？于是成汤就教给猎人一段新的祈祷词："想到左边的，便向左逃；想到右边的，便向右逃；想向上去的，便向上逃；想往下来的，便往下逃。只有命该绝的，进到我的网中！（欲左则左，欲右则右，欲高则高，欲下则下，吾取其犯命者。）"

成汤解网的事情不胫而走，全国百姓都深受感动。

【随感】

面对恢恢的命运之网，每个人或多或少会感到一丝忐忑不安。尽管科学技术发展到今天，人们依然要去算命，依然要去庙里烧香，依然要去教堂祈祷，也不过就是希望命运能够高抬贵手，对自己网开一面，少一点灾祸，多一点幸福。

而俗话讲："天作孽，犹可违；自作孽，不可活。"所以在恳请命运对我们网开一面之前，还是先解开那捕杀众生的罗网吧！

★刚柔相济

[春秋]子产："夫火烈，民望而畏之，故鲜死焉；水懦弱，民狎而玩之，则多死焉。"

——《左传·昭公二十年》

【背景介绍】

子产是春秋时期郑国著名的政治家，与孔子同时代。他自郑简公时被立为卿，公元前543—前522年间任郑国的"执政"(类似于宰相)。子产曾将法律条文铸造在巨鼎上公之于众，此举被认为是在我国的历史上开法律公示的先河。

子产的慈悯是有名的。有一次，有人送给子产一条活鱼。子产不忍心宰杀，就把鱼养在池塘中。子产看着鱼儿在水中无忧无虑地游着，喜悦地自言自语："得其所哉，得其所哉！"可见他内心的慈悲。

公元前522年(鲁昭公二十年),子产病重。他将继任者子大叔叫到床前,作最后的叮嘱:

“我死后,你就将要从政了。记住,只有具备道德的人才能使百姓信服。还有,执政一定要有刚猛的力量。你看,烈火看起来很可怕,人们就会多加小心,因此很少有人死于火;但水看起来很懦弱,人们就会与之亲近玩耍,因此很多人被淹死。(夫火烈,民望而畏之,故鲜死焉;水懦弱,民狎而玩之,则多死焉。)所以,为政不能仅仅靠宽容,要恩威并施、刚柔相济。”

子产死后,子大叔继任。他并没有听从子产的话,不忍心用刚猛的手段而一味地宽容,结果郑国国内盗贼蜂起,他们经常在水边的芦苇荡中出没,杀人越货,气焰十分嚣张。这时子大叔后悔了,叹道:“若我早听子产的话,就不至于如此!”于是,子大叔派出军队剿灭了芦苇荡中的盗匪,天下才得以太平。

后来,孔子赞叹子产道:“善哉!政宽则民慢,慢则纠之以猛;猛则民残,残则施之宽。宽以济猛,猛以济宽,政是以和。”

【随感】

就比如“大智若愚”、“大勇若怯”,事物的两个极端往往很相似。极端的慈悲也往往呈现出威猛的外相。

在寺院中,不仅仅有慈眉善目的菩萨,还有全身冒着火焰、张着血盆大口、脚踏死尸、头戴骷髅的金刚。因为有的众生性格刚强凶悍,必须用威猛的手段才能调伏。但在内心里,却是更深切的慈悲。

★怙主众生

[战国]管仲："王者以百姓为天。"

——《韩诗外传·卷四》

【背景介绍】

管仲(？—前645)，名夷吾，字仲，齐国颍上(今安徽颍上)人。春秋时期杰出的政治家和军事家。

管仲小时家中贫困，但天生聪慧而又勤奋好学，因此长大后，无论其文治武功，都堪称一代俊杰。后来，管仲辅佐齐国的公子纠，管仲的好友鲍叔牙则辅佐齐国的另一位公子小白。

齐襄公十二年(前686)，齐国发生内乱，叛党公孙无知杀死齐襄公篡夺了王位。公子纠与管仲逃往鲁国，公子小白与鲍叔牙逃往莒国。一年后，公孙无知被杀，国中一时无君。公子纠与小白都要赶回国来争夺王位。管仲为了让纠当上国君，就在中途设埋伏射杀小白。管仲一箭就射到了小白的肚子上,小白应声倒地。但小白是装死,箭其实是射到他衣带的铜制挂钩上。小白骗过了管仲,抢先回到国内夺取了王位,成为了赫赫有名的“齐桓公”。

齐桓公要杀管仲,鲍叔牙极力劝阻,称管仲是宝贵的人才。齐桓公不记“一箭之仇”,拜管仲为宰相。在管仲、鲍叔牙的帮助下,齐桓公施行了一系列改革,齐国迅速在诸侯国中称霸。

一次，齐桓公问管仲:“王者以何为贵？”管仲答道:“以天为贵。”齐桓公于是抬头仰望苍天。

管仲说:“这里的‘天’不是苍天,王者以百姓为天。一个君王,若百姓拥护他,他的位置就能安稳;若百姓辅助他,他就能强大;若百姓责难他,他就会有危险;若是百姓背弃了他,那他肯定灭亡。《诗经》说:‘民之无良,相怨一方。’如果一方百姓都在抱怨,国君没有不灭亡的。”

【随感】

管仲此语令人想到了另一句意味深长的话——“怙主众生”,就是正救护我们的,其实正是那苦难中的众生。

当富有面对贫穷、健康面对残疾、年轻面对年老,当我们伸出双手、献出关爱时,我们似乎在“救助”他们。但是他们也有一颗光明而尊贵的心,具足无尽的宝藏,他们真需要我们的“救助”吗？而就在我们伸出双手的那一瞬间，我们自己那被掩藏已久的光明闪现了出来——正是我们得到了救助,他们是我们的怙主。

★人难独杀

[汉]严延年母："天道神明，人不可独杀。我不意当老见壮子被刑戮也！行矣！去汝东归，扫除墓地耳。"

——《资治通鉴·卷二十七》

【背景介绍】

严延年是汉朝著名的"酷吏"。他在任河南太守时，为了树立自己的权威，总是反复无常地滥用死刑，手段狠毒。每到冬季，严延年就将所属各县的囚犯集中审判，"所诛杀血流数里"。河南的老百姓都胆战心惊，都称严延年为"屠伯"（屠夫长官）。

严延年的母亲是一位深明大义的良母。一年冬天，她从家乡东海郡来洛阳看望严延年，进城时正好遇上了大批将被处决的囚犯。严母被儿子残暴的法令惊呆了。她留在了驿站，不肯进府。严延年来到驿站迎接，严母闭门不出，直到严延年脱帽叩首之后才开门，并斥责他道:“你很侥幸地做了郡守,所管理的地域方圆千里,没听说你用仁爱教化百姓,使人民安居乐业,你却滥用刑罚杀戮来树立权威。这哪是做百姓父母官的本意呢?”严延年急忙认错谢罪,严母这才回府。

过完年以后,严母对儿子说:“杀生是违背天道的,滥杀人者必被杀。我到了这把年纪,不忍亲眼看着自己的儿子也遭杀戮!所以我现在要走了,回家乡东海去替你清扫墓地!(天道神明,人不可独杀。我不意当老见壮子被刑戮也!行矣!去汝东归,扫除墓地耳!)”

果然像严母所预言的那样,一年多之后,严延年被以诽谤的罪名处死。

【随感】

消灭了罪犯的肉体,就真的消灭了罪恶吗?不会这么简单。因为纵然你能把天下的“坏人”都杀光,又怎么能保证更多新的“坏人”不再在我们这个世界降生呢?

这个世界的变化、人心的变化,都超出了我们现有智慧所能及的范围。在领悟到人间罪恶的真正根源之前,还是暂时“刀下留人”吧!

★同根所生

[三国]曹植："本是同根生，相煎何太急！"

——《世说新语·文学第三》

【背景介绍】

曹操一共有25个儿子。其中长子曹昂是刘夫人所生，而次子曹丕、三子曹彰、四子曹植都是卞皇后（卞太后）所生。（也有史料认为在曹昂与曹丕之间还有一个曹铄）

早在建安二年（197）的宛城之战中，长子曹昂为了保护曹操而战死，次子曹丕就成为了最合理的太子候选人。但是曹操更喜欢才华出众的曹植，想立曹植为太子，这令曹丕很不安。

曹丕的人品和才干虽然远远比不上曹植，但他非常会耍手腕，想尽办法讨好曹操，并挑拨曹操与曹植的关系。曹丕曾经在曹植即将出征的时候将其灌醉，导致曹植误了军机大事。此事惹得曹操很生气，最终将曹丕立为了太子。

220年，曹操病逝，曹丕继魏王王位，很快他又逼迫汉献帝退位，自己称帝，史称“魏文帝”，东汉从此结束。

尽管当上了皇帝，曹丕心里还是不安，总觉得自己的弟弟们是对自己的威胁，于是就把毒手伸向了自己的同胞兄弟。

首先是曹彰。曹丕在曹彰吃的枣里下了毒药。卞太后带着水前来解救，但曹丕将所有盛水的容器都打破。太后急得光着脚跑到井边，但发现汲水的工具却被人拆走了。曹彰就这样在自己母亲的眼前痛苦地死去了。

下一个目标是曹植。

机会终于来了。曹植有一次喝醉了酒，侮辱了朝廷的使者。曹丕就把曹植抓来治罪。曹丕命曹植在七步之内要作出一首诗来，否则就要杀头。曹植急中生智，吟诵出了著名的《七步诗》：

煮豆持作羹，漉菽以为汁。
萁在釜下燃，豆在釜中泣。
本是同根生，相煎何太急！

在民间还广泛流传着《七步诗》的四句版：

煮豆燃豆萁，豆在釜中泣。
本是同根生，相煎何太急！

曹丕听到此诗，羞愧难当。这时，卞太后也赶来，哭着求曹丕：“你已经杀了我的彰儿，求求你就不要再杀我的植儿了！”曹植因此躲过一难。

恶有恶报。226年，刚当了6年皇帝的曹丕就一命呜呼了。

【随感】

可怜我们的卞老太太，她虽然是贵为一国之母的皇太后，却只能眼睁睁地看着自己的亲生儿子相互残杀。我们可以想象，当曹彰的毒药发作正在苦苦挣扎，可怜的老母亲发疯似的光着双脚到处找水，那种惊惶、绝望、无助，将会刺痛每一个读到这段历史的人的心。

而这千年之前的痛为何能传递到我们心中呢？因为我们与千年之前的他们也是同根所生。

★孔明之叹

[三国]诸葛亮:“吾虽有功于社稷,必损寿矣!”

——《三国演义·第九十回》

【背景介绍】

建兴三年(225)春,蜀汉帝国已在四川站稳了脚跟,而此时孟获率西南少数民族开始造反。这一年,诸葛亮带领大军开始南征,多次进行围剿。

在最后一次战役中,孟获请来了三万藤甲军。这些士兵穿着用油浸泡过的藤甲,坚不可摧,刀枪不入,在水面上还能够漂浮。这使蜀军很是头疼。于是诸葛亮用计将这些藤甲兵引到了一个叫“盘蛇谷”的狭窄山谷中,用火攻加炮轰的办法将这三万藤甲兵烧死、砸死在山谷中。

就在大家庆祝胜利的时候,站在山头上的诸葛亮望着山下被烧焦砸烂的一具具尸体，留着眼泪说出了这句话。在场的将士也都感慨万分。就在这次战役后不久，诸葛亮病死在五丈原。

这是《三国演义》中浓墨重彩的一笔。表面上诸葛亮是为自己命运的担忧，而实际上却蕴涵着对苍生的悲悯。

由于在《三国志》等正史中对蜀军南征的记载都很简略，所以诸葛亮是否真的说过这句话已无从考证。所以也有学者认为：这句话实际上是作者罗贯中借诸葛亮之口，以表达自己对战争罪恶的一种控诉。而无论是出自诸葛亮还是罗贯中，这句话在历史上、在人们心中都已留下了深深的烙印。

【随感】

“三万藤甲”——史书上短短的几个字，却意味着三万个母亲失去儿子，三万个妻子失去丈夫，数不清的孩子失去父亲。历史，似乎永远只是帝王将相们在青梅煮酒论英雄，而谁又在乎万马军中一个普通士兵的生与死？谁又在乎一个普通百姓家庭的苦与乐？

诸葛亮一生纵横天下，鞠躬尽瘁，并没有给百姓带来真正的安宁与幸福。唯有他在瑟瑟秋风中黯然说出的这句话，唯有这一份对生命的尊重与关怀，在冰冷的历史长河中，略微给人带来一丝慰藉。

★滴酒之恩

[南北朝]阴铿："吾侪终日酣酒，而执爵者不知其味，非人情也。"

——《南史·列传五十四》

【背景介绍】

阴铿是南朝时期的著名诗人，字子坚，甘肃武威人。他擅长五言诗，其作品用词考究、对仗工整、讲究声律，是我国开五言律诗先河的第一人。他对于后来李白、杜甫等人的影响极大。杜甫就曾在赞美李白时写到："李侯有佳句，往往似阴铿。"可见阴铿在我国诗歌史上的重要地位。

阴铿不仅有才，更有德。在《南史》上曾记载着这么一段故事：

一次，阴铿与几个朋友在一起饮酒。阴铿看见斟酒的仆人来回忙碌，很是辛苦，于是就送给仆人一些酒和一些烤肉。在座的客人们都笑话阴铿。阴铿说:“我们终日痛快地畅饮,然而在旁边为我们持杯斟酒的人,终日为我们忙碌,自己却品尝不到这美味,这不合乎人情啊!(吾侪终日酣酒,而执爵者不知其味,非人情也。)”

后来,南朝发生了“侯景之乱”。阴铿被侯景的叛军所俘。就在这危急关头,有人在暗中鼎力相助,阴铿才免遭杀身之祸。后来阴铿经过寻访,才知道救命恩人正是当初给自己斟酒的那个仆人。

【随感】

这世上并没有谁能给谁所谓的“恩惠”。无论是阴铿的那杯酒,还是后来那人的性命相救,都只是平等生命间的相互扶助而已。也正是因为有这份平等,心中的温暖才能够历久弥新。

阴铿留下了“大江一浩荡,离悲足几重”的诗句,而这磅礴的气势发源于细致的关怀,就如同那浩荡的大江,正是由无数的涓涓细流所组成。那一杯酒,不也正是洪流中的一股力量吗?

宽容篇

★顽愚慈父

[三皇五帝]四岳："父顽，母嚚；弟傲，能和以孝，烝烝治，不至奸。"

——《史记·五帝本纪第一》

【背景介绍】

我国有五千年悠久的历史。在最早的王朝——夏朝建立之前，是远古的"三皇五帝"时期。在这漫长而又充满神奇色彩的岁月中，出现过伏羲、神农、黄帝等传奇人物，而离我们更近的则是尧、舜、禹这三代帝王。

舜，虞国人，又称"虞舜"。他从小家境贫寒，父亲是个顽愚的瞎眼老人，人称"瞽叟"。舜早年丧母，瞽叟续娶了一个非常凶悍的继母，生了一个弟弟叫做"象"。象非常桀骜不驯，人称"傲象"。

继母和弟弟总是想要除掉舜，瞽叟也与他们串通一气。舜对此早有察觉，但依旧在父母面前尽孝，对弟弟也很友善。当他们要加害于他的时候，舜就及时逃跑；当他们需要帮助的时候，舜又会马上回到他们身边。《史记》上的记载是“欲杀，不可得；即求，尝（常）在侧”。如此多年如一日，不疲不厌。

舜30岁的时候，当时的帝王尧向四方诸侯的长者（四岳）征询自己王位的继承人，四岳就向尧推荐了舜。四岳说：“舜的父亲顽愚、母亲凶悍、弟弟桀骜，但是舜能以淳朴和真诚感化他们，使他们免于进一步堕落。（父顽，母嚚，弟傲，能和以孝，烝烝治，不至奸。）”于是尧王就将自己的两个女儿嫁给舜，以考察他。

舜成为了帝王的女婿，更引起了瞽叟等人的嫉妒，对他的加害也变本加厉。一次，瞽叟让舜修理谷仓的屋顶，当舜爬到高高的谷仓上面时，瞽叟和象从下面撤走了梯子，并放火焚烧谷仓。舜双手各抓住一个大斗笠，兜着风，从谷仓上跳了下来——据说这是世界上最早的降落伞。

还有一次，瞽叟命舜去挖井。当井挖得很深时，瞽叟和象就在上面填土，想要活埋舜。而舜事先有防备，早在井壁上挖了一个通道，舜就通过这个通道逃跑了。

功夫不负有心人。舜感化了父亲、继母和弟弟，最终使他们“允若底豫”（变得如此快乐）。舜也经受住了尧王的考验，年老的尧王就将天下交给舜来掌管。

【随感】

每个人只有一个父亲，也如同每个人只有一颗心。这颗心曾经迷惘、曾经愚痴、曾经生起过无数染污的邪念——就如同那顽愚的瞽叟，尽管顽愚，但他毕竟还是父亲！若是抛弃了现前这一念染污的心，想要另外再找一颗清净美好的心，那肯定是找不到了。

古人道：精诚所至，“则顽如瞽叟，亦可回心，况未必如瞽叟者哉！”

★吾何所惧

[战国]晋国百姓："夫里凫须且不诛而骖乘，吾何惧也？"

——《韩诗外传·卷十》

【背景介绍】

战国时期，晋国发生内乱，公子重耳和夷吾逃亡国外。

重耳在流亡过程中经过曹国时，被一个叫里凫须的恶棍盗走了几乎全部的钱财。这下子可把重耳害惨了，他没有钱买粮，饿得都走不动路了。这时，重耳手下的大臣介子推将自己腿上的肉割下来给重耳吃。此事在民间流传很广。

流亡在外19年后，重耳在秦国的帮助下终于回到晋国夺取了王位，成为了"晋文公"。晋文公登基不久，感到天下并不安宁，国中的人们都不肯依附自己。

一天，晋文公刚刚沐浴完，门外里凫须求见。

晋文公派人对里凫须说："你当初把大王害得那么惨，现在还有什么脸面来求见？"里凫须说："我听说人沐浴的时候心会颠倒，心颠倒了，说出的话也就糊涂。大王今天沐浴了吗？为何也说出这样糊涂的话呢？"晋文公听到里凫须话中有话，于是就召见了他。

里凫须对晋文公说："您离开祖国太久了，这期间国中的人们难免做过不利于您的事情。现在您回来成为了国君，人们都害怕遭到报复，心中惶惶不安。臣当初偷了您的钱财而害得您挨饿，介子推割肉救主，这件事人人皆知。像我这样罪大恶极的人，如果您还能宽恕，能让我乘着三匹马拉的车子在城中巡游，那么百姓见到了，就知道您不念旧恶，心就能安定了。"

于是，晋文公就让里凫须乘着三匹马拉的车子在城中游荡。晋国百姓看到后纷纷说："连里凫须这样的罪人都能免于一死，还能乘坐三匹马拉的豪华车子，我们又有什么可害怕的呢？（夫里凫须且不诛而骖乘，吾何惧也？）"于是晋国的人心很快就安定下来了。

【随感】

生命本来都是一体，在这一体当中，何必再去追究过去呢？宽容别人也就是解脱自己。

宽容，能够消除他人心中的恐惧。如果让其他生命感到恐惧，这种恐惧迟早还要反射到自己身上。消除他人的不安，对于自己来说是最好的安心之法。

★人非圣贤

[春秋]士季:“人谁无过? 过而能改,善莫大焉。”

——《左传·宣公二年》

【背景介绍】

士季是春秋时代晋国的大臣。

士季所辅佐的是一个昏庸无道的暴君——晋灵公。晋灵公生性残暴,生活奢侈。他经常登上楼台,用弹弓向下面的人群射击,看着人们惊惶逃跑的情景来取乐。他还经常找借口随便杀人,使得他身边的人都胆战心惊。

一次吃饭的时候,他嫌送上来的熊掌炖得不透,就当场把厨师杀了,并让宫女将尸体抬出去。当宫女们抬着尸体经过朝堂的时候,正好被前来觐见的两位大臣——士季和赵盾看到。二人非常气愤,决定要好好劝谏一下晋灵公。士季对赵盾说:“我先进去劝说,如果不行你再去。"于是士季就首先入宫朝见。

当晋灵公一看到士季的眼神时，就知道了士季是为了杀死厨师的事情而来，就假装没看见他。士季只得再向前走几步，晋灵公还是装作没看见。直到士季连着走了三次，晋灵公才抬眼瞟了他一眼，轻描淡写地说："我已经知道我错了。"

士季说道："人非圣贤，谁能没有过错呢？有了过错而能改正，那就最好了。（人谁无过？过而能改，善莫大焉。）您能接受大臣正确的劝谏，就是晋国的万幸了！"

但是，晋灵公并没有真正认识到自己的错误，其昏庸和残暴依然如故。赵盾也曾多次劝告，但晋灵公不仅不听，反而对赵盾生起了怨恨，几次派刺客想要杀掉赵盾，但都没有成功。

最终，赵盾的堂弟赵穿发动兵变，晋灵公这个暴君被杀，得到了应有的下场。

【随感】

"因病而觅药，因药而成仙。"改正了自己的错误，往往并不是回到了犯错之前的状况，而是比犯错之前更进了一大步。

没犯错误并不等于没有错误的隐患。就如同战士在操练的时候，能及早地发现自己的毛病并及早改正，那将是非常万幸的事情；否则，等到了炮火纷飞的战场上再去哭爹喊娘，恐怕为时已晚。

★毋知其名

[北宋]吕蒙正:"若一知其姓名,则终身不能忘,不若毋知之为愈也。"

——《宋史·列传二十四》

【背景介绍】

吕蒙正(944—1011),河南洛阳人,字圣功。太平兴国进士,太宗、真宗时三度为宰相,谥号"文穆公"。

吕蒙正的一生以敢言著称,经常冒着触犯圣上的危险仗义执言。同僚们经常赞叹他的勇气和度量:"蒙正气量,我不如。"

一次元宵节的晚上,宋太宗大宴群臣。太宗看着歌舞升平的景象,非常高兴,略带着一些醉意说道:"朕登基之前,天下大乱,生灵涂炭,民不聊生;而自朕登基以来,日理万机,心系百姓,才有今天的繁荣景象啊!"大臣们纷纷称叹:"皇上圣明!"就在这时,吕蒙正来到皇帝面前说:“陛下,这里虽然是一片繁荣景象,但是不久前臣在城外看到许多百姓还在挨饿受冻。陛下要是也能体察到他们的疾苦,才是国家的大幸啊!”顿时,太宗失去了笑容,大臣们也都紧张地屏住了呼吸。过了一会儿,太宗笑了,称赞吕蒙正是当代的魏征。

一次,当吕蒙正走入朝堂时,有人低声轻蔑地对他指指点点:“就这小子也能参政?!”吕蒙正装作没听见,与那人擦身而过。但是这话被吕蒙正的同僚听见了,大家很不服气,便去询问那个人的姓名。吕蒙正制止说:“如果知道了他的姓名,我可能一辈子都会耿耿于怀,还是不知道为好。(若一知其姓名,则终身不能忘,不若毋知之为愈也。)”在场的人都十分钦佩他的气量和智慧。

【随感】

不让他人的过失再在自己心中停留,不让自己的心受到污染,也避免了与他人结下不好的因缘。这正是对自己心灵的一种保护。在达到“不见世间过”的境界之前,在知道自己还“终身不能忘”时,这样的规避是很有效的。

世人都知道精心地照顾呵护自己的身体,但像吕蒙正这样有智慧地调理护持自己内心的却很少。

★难得糊涂

[唐]唐代宗："不痴不聋，不作家翁。"

——《资治通鉴·唐纪代宗大历二年》

【背景介绍】

唐朝名将郭子仪是玄宗、肃宗和代宗时期的三朝元老，在平定"安史之乱"中立下了赫赫战功，但由于奸臣作乱，使得郭子仪在官场上几度沉浮，但他依旧对朝廷忠心耿耿。

唐代宗李豫(726—779)终于明白了郭子仪的一片忠心，于是赐给郭子仪"铁券"，即立誓无论在什么情况下，都不再加罪于他。唐代宗还把自己的掌上明珠——女儿升平公主嫁给了郭子仪的小儿子郭暧。

升平公主是唐代宗与沈后所生，由于从小受惯了娇宠，养成了骄横的大小姐脾气。结婚后，她经常和老公吵架。由于她是皇帝的女儿，郭暧每次都忍气吞声。

这一天是郭子仪的七十大寿，子孙们都来给老爷子拜寿。其他的儿媳妇都到了，唯独升平公主要着性子就是不肯来，于是俩人又吵架了。郭暧在情急之中说道："你以为你老爹是皇上，你就了不起了？我爹还不稀罕当皇上呢！"——好家伙！这可是大逆不道的话！

公主一听也急了，哭着闹着回到宫中向唐代宗告状，请求父亲为自己撑腰。唐代宗说："你懂什么？其实他说得对。如果郭子仪真的想当皇上，就凭他的实力，天下早就不是咱们的了。"

这时，郭子仪已经将郭暧绑了起来，在殿前向皇上请罪。唐代宗对郭子仪安抚道："俗话讲，不痴不聋，不作家翁。小儿女在私房里吵嘴的话，我看就不必当真了。"

唐代宗没有治郭暧的罪，而是教育起了自己的女儿。倒是郭子仪回家后打了郭暧几十大板。

【随感】

"难得糊涂"不仅仅是对他人的一种包容，有时也是对自己这一念清净心的保护。

宋朝宰相李文靖公（李沆）家中花圃的栏杆坏了，李文靖公整日出入却当作没有看见。家人请求修葺，李文靖公说："安可以此事动吾一念乎？"可见这一念清净心的宝贵。如果整日将别人的过错记在心上念念不忘，又如何能清净呢？

挚情篇

★心弦绝响

[春秋]钟子期："善哉！峨峨兮若泰山！善哉！洋洋兮若江河！"

——《列子·汤问》

【背景介绍】

俞伯牙是春秋时代晋国的大臣，非常善于弹琴。但他所弹的曲子都比较高深，比如像百年前由盲人音乐家师旷所创作的《高山》、《流水》等等。因此，很少有人能听懂俞伯牙的琴声。

一次，俞伯牙出使楚国，途中遇到了大雨，他只得在汉阳的龟山脚下停船歇息。百无聊赖之时，俞伯牙拿出了随身携带的七弦琴，在船舱中弹奏消遣。

俞伯牙轻轻拨动着琴弦，心驰神往。突然间，"叭"的一声，一根琴弦断了！按照古人的说法，琴弦崩断是说明有人听懂了弹琴人的心境。俞伯牙走出船舱四下张望，发现除了岸上有一个身穿蓑衣、头戴斗笠的樵夫以外,再没有其他人了。

这位樵夫叫钟子期,在汉水边以砍柴为生,躲雨时被琴声吸引到了船边。俞伯牙问道:“你听我弹琴,但你能听懂琴声中的意境吗?”钟子期答道:“能。”于是,俞伯牙换好琴弦,心中向往着那耸入云端的巍峨高山,手指抚动琴弦。一曲过后,他问:“你听到了什么?”钟子期答道:“善哉!峨峨兮若泰山!”俞伯牙又心向流水弹了一曲,钟子期答道:“善哉!洋洋兮若江河!”

这时,俞伯牙再也按捺不住内心的激动,叹道:“相识满天下,知音能几人!”二人随结为生死之交。

第二天,雨过天晴,俞伯牙要上路了。他与钟子期相约:明年的此时此地再相见。

第二年的那一天,俞伯牙如约来到了那里。但是,等待他的不是钟子期,而是一位老者。原来,老者是钟子期的父亲,钟子期则已经在半个月前患病去世了。为了不失约,钟子期在临终前托付父亲要在此时此地等候俞伯牙。

俞伯牙来到钟子期的墓前,悲怆地弹了一曲,然后愤然将琴摔碎,并发誓终身不再弹琴。后来,人们为了纪念这一段“高山流水”的往事,修建了古琴台(又名伯牙台),目前此台就坐落在武汉市的琴台工人文化宫内。

【随感】

师旷天生就是盲人,他不可能见过大自然中真正的高山和流水,但是他却能将那秀美的山水蕴涵在琴声之中,经过百年,传递给了俞伯牙,又传递给了钟子期。

每个生命都蕴涵着美丽的高山流水。心灵感到“孤独”，是因为隔膜，而这隔膜的冰霜终究会被旭日融化，那时，天地间才能弹奏出最美丽的音符。

心弦绝响，山川依旧。

俞伯牙摔琴以答谢自己的知音，那我们也谨以那无声的旋律，来答谢所有的苍生，来答谢我们的大地、我们的家。

★木石动情

[春秋]钟子期:“悲在心也,非在手也,非木非石也,悲于心而木石应之,以至诚故也。”

——《新序·杂事第四》

【背景介绍】

早在与俞伯牙“高山流水觅知音”之前,钟子期就另有一段传奇的故事。

钟子期在早年的时候,一天晚上,忽然听到远处传来了击磬的声音。击磬在当时是很平常的事情,但是钟子期敏锐地感觉出这次的磬声与往常不同,其中蕴含着深深的悲伤。

钟子期循着声音找到了击磬的人,问道:“为什么你的磬声这么的悲伤啊?”

那人答道:“臣的父亲因为杀了人而被判死罪,臣的母亲被卖为了奴隶，臣自己则在给公家击磬。我已经三年没有见到母亲了！昨天，我在街市上看见了母亲，但却没钱去赎回她，我的自身也是公家所有，所以才如此悲伤。”

钟子期叹道：“悲伤是在心中，而不是在手臂上，更不是在木石之中，但是心中的悲伤却能感动木石，而发出悲伤的声音，是因为至诚啊！（悲在心也，非在手也，非木非石也，悲于心而木石应之，以至诚故也。）”

《新序》的作者刘向在评述钟子期的这一段故事时说道：“人君苟能至诚动于内，万民必应而感移。尧舜之诚，感于万国，动于天地，故荒外从风，凤麟翔舞，下及微物，咸得其所。”

【随感】

手臂挥动木槌，木槌撞击石磬，石磬产生振动，并引起了空气的振动——这是一个再简单不过的物理过程。但是，就在这空气的简单振动之中，却蕴含着丰富的感情，而这份感情又能循着这简单的空气振动传递到另一个人的心中，这确实是一件很不可思议的事情。

难道是木石真的被“感动”吗？也许我们能以这个问题为契机，来重新看待这个世界，重新看待我们自己。

★卫王哭灵

[春秋]卫灵公:“夫子生则欲进贤而退不肖,死且不懈,又以尸谏,可谓忠而不衰矣!”

——《新序·杂事第一》

【背景介绍】

春秋时期,卫灵公曾一度宠信奸臣弥子瑕,使其专权横行,而有才能的蘧伯玉却被弃在一旁,不予重用。卫国的大夫史鱼对此很忧虑,几次劝谏卫灵公,都没有成功。

后来,史鱼生了重病。临终前,史鱼叮嘱他的儿子说:“我死后,灵柩就放在后面的北堂。我生前没能说服国君任用蘧伯玉、清退弥子瑕,是没能为国家尽忠。因此,我的灵柩没有资格放在正堂。灵柩放在北堂对我来说就足够了!”

史鱼死后,卫灵公前来吊唁。他看到史鱼的灵柩并没有按照礼节停放在正堂，而是在后面阴冷的北堂，就问史鱼的儿子这是为何。史鱼之子就将父亲临终时的遗言告诉了卫灵公。

听到这里，卫灵公如梦初醒。他扶着史鱼的灵柩号啕大哭："先生啊！您生前就尽力要任贤臣、除奸党，至死不懈，今天又以自己的遗体来警醒寡人，您真是千古忠臣啊！(夫子生则欲进贤而退不肖，死且不懈，又以尸谏，可谓忠而不衰矣！)"

于是，卫灵公削去了弥子瑕的权力，将其驱逐出宫，并任命蘧伯玉为宰相。史鱼的灵柩也搬到了正堂，并以隆重的礼节下葬。卫国从此长治久安。

【随感】

在历史上，像史鱼这样主动尸谏的并不多，更多的是"被动的尸谏"。

所谓"被动的尸谏"者，往往都是些普通的小人物，过着平凡的小日子，但是在一个不该发生的事件中送了命。于是人们开始排查隐患、治理整顿、完善制度、修改法律，社会因此而进步，更多的人因此而受益。

社会的进步总是要付出代价。但为什么一定要等到亡了羊才去补牢呢？亡羊补牢，对于羊的主人只是损失了一只羊，但对于那只羊来说，却是它生命的全部。

★风木含悲

[春秋]皋鱼:“树欲静而风不止,子欲养而亲不待也!”

——《韩诗外传·卷九》

【背景介绍】

一次孔子周游列国,途中突然听见前方传来阵阵哭声。孔子一听,急忙对车夫说:“快!快!前面有贤人!”原来,是一个叫皋鱼的人独自在路边哭泣。

孔子问道:“你为何哭泣?”

皋鱼指着路边被狂风摇动的树枝说:“树本想安静,无奈狂风不停;我为人子,本想孝养父母,无奈父母却已离我而去了!(树欲静而风不止,子欲养而亲不待也!)我自幼好学,常年游学他方,很少有时间在家中侍奉双亲。本来想这次回乡之后好好地供奉父母,然而归来时父母却早已过世。岁月一去不返,亲人无法再见。我自恨报恩无地，因此有此哀叹。”

说完，皋鱼在悲痛中挥刀自刎。跟随孔子周游的弟子也深受感动，其中有十三人向孔子告辞回家侍奉父母去了。

【随感】

“往而不返者，年也！不可再见者，亲也！”岁月、亲人，正是人生最脆弱最易受伤害的地方。而面对同样的伤痛，有人被打垮，有人则更加坚强：

莲池大师在父母过世后，曾梦见父母在重病之中，正要救治时，梦醒了，只留下空荡荡的房间和无尽的悲凉。大师自念道：“吾今此身，父母遗体也。及吾尚存，以父母遗体，力行善事，是吾亲灭而不灭也！”

狂风依旧在呼啸，枝条依旧在挣扎，孩子们依旧在世间流浪。就让这狂风磨砺着强者的脚步，勇敢地向前，去报答那广阔无边的大地恩情。

★易水犹寒

[战国]荆轲："风萧萧兮易水寒，壮士一去兮不复还！"

——《史记·荆轲传》

【背景介绍】

战国时期，各诸侯国之间为了表示相互信任，有相互交换太子做人质的习惯。燕国的太子丹早年就曾在赵国做人质，在那里他认识了生于赵国的秦国太子嬴政，两人成为了好朋友。

后来，嬴政回国成为了秦王，秦国在商鞅变法的影响下日益强大。而太子丹却成为了被扣押在秦国的人质。尽管秦王对待太子丹还不错，但是地位的巨大落差使太子丹备感屈辱，怀恨在心，少年时的友谊早已不复存在。

太子丹尽管在内心对秦王恨之入骨，在表面上还是毕恭毕敬，因此博得了秦王的同情和好感，于是秦王就将他放回了燕国。回国后，太子丹就萌发了刺杀秦王的念头，并选中了壮士荆轲作为刺客。

荆轲从他乡辗转漂泊到了燕国，得到了太子丹的优厚待遇，“车骑、美女恣荆轲所欲”。

据史料记载，一次荆轲与太子丹共乘千里马，荆轲随口说了一句“千里马肝美”，太子丹立刻就把马杀掉，把马肝烹制好呈给荆轲。还有一次，荆轲与太子丹共同饮酒，一位美女在一旁弹琴助兴，荆轲也是随口说了一句“好手也”，不一会儿，那可怜女孩的一只手就被砍下来，放在玉盘里呈到了荆轲面前。

后来，为了骗取秦王的信任，太子丹还说服了从秦国叛逃来的大将军樊於期自杀，让荆轲将其头颅呈给秦王。

离别的时刻终于到了。

太子丹为荆轲送行，来到了寒风瑟瑟的易水边。伴随着高渐离的击筑声，响起了荆轲的千古绝唱：“风萧萧兮易水寒，壮士一去兮不复还……”歌声慷慨悲壮，辗转低回。据《燕丹子》记载，当时的情景是“为壮声，则士发冲冠；为哀声，则士皆流泪”。

无奈造化弄人。荆轲的刺杀以失败告终，自己也死在乱刀之下。秦王大怒，逼燕王交出太子，太子丹被逼自杀。很快，燕国被秦国灭亡。

【随感】

此地别燕丹，壮士发冲冠。

昔时人已没，今日水犹寒。

壮士的悲歌使人感动，但笔者也想起圣雄甘地的一句话：“没有方法能够得到和平，因为和平本身就是一种方法。”

不知壮士们在易水边慷慨悲歌时，是否还会怜惜宫廷里那个垂死挣扎的断手女孩呢？伴随着这歌声，一个个生命就如草芥般在风中飘零，而这一切又给百姓带来了什么呢？

昔人已殁，易水犹寒。为了我们的后代子孙，为了这个美好的世界，还是祈愿这曲悲歌永远被尘封在遥远的历史之中吧！

★心头杖痛

[西汉]韩伯俞："往者杖尝痛，知母康健；今杖不痛，知母力衰。是以悲泣。"

——《龙文鞭影》

【背景介绍】

韩伯俞是西汉初年时梁州人，历史上著名的孝子。

韩伯俞小的时候很调皮，而他的母亲管教他很严。如果他犯了错，母亲就用拐杖揍他。他也很"皮实"，挨揍的时候也不哭。直到韩伯俞长大之后，如果犯了过错，母亲依旧要惩罚他。

没想到在七十岁的时候，韩伯俞又闯了一次"祸"。事情的起因还要追溯到春秋时期。

在春秋时期，楚国有一个姓莱的老人，人称"老莱子"，他还有更年迈的父母。他为个逗父母开心，就穿上五彩斑斓的衣服，脸上也涂着油彩，头上梳着朝天的小辫，手拿着拨浪鼓，哼着儿歌，来到父母面前。这就是著名的“彩衣娱亲”。

韩伯俞也模仿着老莱子“彩衣娱亲”,但是没有想到母亲却很生气。母亲觉得他已经一把年纪了,这样太不稳重,所以很生气,又要惩罚他。

与过去一样,母亲又是用拐杖打他。而这次当拐杖再次落到身上时,韩伯俞却哭了起来。韩母奇怪地问:“过去我打你的时候你不哭,怎么今天你却哭了?”

韩伯俞答道:“过去我挨揍的时候,杖子落在身上觉得很痛,所以我知道母亲的身体还康健;今天杖子打在身上却没有什么感觉,说明母亲已经年老,没有力气了。因此我禁不住哭泣。(往者杖尝痛,知母康健;今杖不痛,知母力衰。是以悲泣。)”

韩母听到这里,立时失落了手中的拐杖,站在那里久久无语。

此事迅速在民间传开。曹操的儿子曹植听到此事,感慨万分,在他的乐府诗《灵芝篇》中写到:

伯俞年七十,彩衣以娱亲。
慈母笞不疼,唏嘘泣沾巾。

【随感】

如果韩母在今天还用拐杖来教育孩子,恐怕就要被孩子告上法庭了。现代人不能容忍任何一点“对自己利益的侵犯”——包括对父母。

人们法律意识和维权意识的加强,是社会的进步,令人可喜;但是在这冷冰冰的防范与算计之中,生命间那种血脉相连的情感也在悄悄地消失、枯萎。

★千古知音

[西汉]邹阳："有白头如新，倾盖如故。何则？知与不知也。"

——《史记·邹阳传》

【背景介绍】

邹阳是西汉时期著名的文学家。

开始，邹阳辅佐吴王刘濞。邹阳曾写过一封《上吴王书》，劝刘濞不要起兵叛汉，但刘濞不听。于是邹阳就离开了吴王，投奔梁孝王。

一次，邹阳受人诬陷，被梁孝王关进监牢，准备处死。于是邹阳就在狱中给梁孝王写了一封信，就是著名的《狱中上梁王书》。在信中，邹阳列举了历史上三个以诚相待却受到怀疑、蒙受冤屈的例子：

第一个是荆轲刺秦王的故事。战国时，荆轲怀着忠心要为燕太子丹去刺杀秦王，却一度被太子丹怀疑其胆量，不敢立即出发。

第二个是和氏璧的故事。春秋时，楚国人卞和在山中采得了珍贵的玉石，先后两次要奉献给楚厉王和楚武王，但两代楚王都不识货，反而以欺骗的罪名分别砍掉了卞和的左脚和右脚，直到第三代楚文王才慧眼识出了这珍贵的“和氏璧”。

第三个故事是关于李斯的。秦朝的宰相李斯竭心尽力辅助秦始皇，使秦国富强，并扶植秦二世胡亥上台，结果却被秦二世处死，落得个“东门黄犬”的下场。

在信的最后，邹阳说：“有的人相交了一辈子，到了头发白的时候，彼此还是不了解对方，好像陌生人一样；而有的人哪怕只是乘车在路上相逢，停车交谈了一会儿，就好像老朋友一样。这是为什么？因为人与人之间的交往不在于时间长短，而关键在于能否相知。（有白头如新，倾盖如故。何则？知与不知也。）”

梁孝王读了此信，深受感动，立即派人查明了冤情，把邹阳释放，并款待如上宾。

【随感】

知音的相遇是可遇不可求的，但只要坚持至诚的信念，不畏挫折，甘于在寂寞的长路坚定地走下去，等到山重水复、柳暗花明，那已经守望了千载的知音，也许就在不远处的路口等待着你。

让我们祈愿吧，为了每一个人，为了每一个知音，为了不负我们的平生。

但愿人长久。

★难舍糟糠

[东汉]宋弘:"贫贱之交不可忘,糟糠之妻不下堂。"

——《后汉书·宋弘传》

【背景介绍】

糟糠,原指酒糟和谷皮,经过了东汉时期宋弘的一番折腾,就被赋予了新的含义。

宋弘博学多才,为官清正廉洁,被封为太中大夫、大司空,深得汉光武帝刘秀的喜爱。

光武帝的姐姐湖阳公主刚刚丧夫守寡,光武帝让她在满朝文武中选一位丈夫,结果她选中了宋弘。宋弘已有妻室,而且他们夫妻俩曾经历经贫寒,患难与共。光武帝不知宋弘的意下如何,但不好意思直接开口。

一次,光武帝将姐姐藏在屏风后面偷听,然后召见宋弘。光武帝试探地问宋弘说:“古人说:‘发了财就要换朋友，升了官就要换老婆(富易交,贵易妻)。’这合乎人情吗?”宋弘早已明白了皇帝的用意,回答道:“我倒是听古人说过:‘贫贱时交的朋友不能忘记;与自己共患难的妻子不能抛弃。(贫贱之交不可忘，糟糠之妻不下堂。)’”光武帝碰了个软钉子,只得回头向屏风后面的姐姐沮丧地说:“事不成了。”

从此,“糟糠之妻”就成为了患难与共的结发妻子的代名词,永远留在了我国的成语字典上。

【随感】

执子之手,与子偕老——世间爱情的美好莫过如此。

在青春的激情荡漾之后,爱情就融入进了油盐酱醋、锅碗瓢盆的纷繁生活，融入进了分享的喜悦，融入进了患难与共的漫长岁月。那是鬓上的霜花、是额头的刻痕,那是灯下无尽的操劳、是寒夜里家门口的守望。就在这平平淡淡、从从容容之中,双方成为了彼此的信仰,彼此用生命相互支撑、相互供养。

★慈母惊雷

[三国]王裒(póu)："裒在此，母勿惧！"

——《二十四孝·闻雷泣墓》

【背景介绍】

王裒，三国末期魏国营陵（今山东昌乐东南）人，博学多能。其父亲王仪在魏国的朝中为官，后因仗义执言被一手遮天的司马昭杀害。后来，司马昭的儿子司马炎篡夺了魏国曹氏的王位，开创了西晋，史称"晋武帝"。王裒则隐居起来，以教书为业，并且终身不面向西方坐，以表示永不做晋国的臣子。

王裒的母亲在世的时候胆子很小，每当打雷的时候总吓得瑟瑟发抖。所以每当打雷闪电，王裒都要陪在母亲身边，给她壮胆、给她安慰。后来母亲去世，埋葬在山林之中。每当下雨打雷，王裒就会立即跑到母亲的坟前，跪拜着安慰母亲说："裒儿在这里，母亲不必害怕！（裒在此,母勿惧！）”

王裒在教书时,每当读到《诗经·蓼莪》中的“哀哀父母,生我劬劳”,总是泪流满面,哽咽得说不出话来。后来,他的学生不忍心看到老师如此伤心,于是在吟诵《诗经》的时候都故意跳过《蓼莪》这一篇。

后人有诗云：

慈母怕闻雷,冰魂宿夜台。
阿香时一震,到墓绕千回。

【随感】

网上有人说王裒“迂腐”。也许,现代人无法理解古人广阔的心胸和丰富绚丽的情感世界。

现代人生活在更加“实际”的世界中,在钢筋水泥的狭小空间中,精心地计算着自己利益的每一点得与失。现代人更精明,不容易相信,也更不愿轻易付出。“苌弘化碧,望帝啼鹃”的浪漫往事只是远古的神话,现代人不敢相信,更无力承当。看似“创造性”的张扬个性,掩藏不住精神空间的狭窄和情感世界的枯竭。

★情如我辈

[西晋]王戎："情之所钟，正在我辈！"

——《世说新语·伤逝第十七》

【背景介绍】

王戎(234—305)，字浚冲，琅邪临沂(今山东临沂)人，西晋大臣，"竹林七贤"之一。王戎在历史上出名倒不是因为他的人品和学识，而是因为他的"聪明"和吝啬。

他6岁的时候，与小伙伴出去完，看到路边树上挂满了又红又大的李子，小伙伴们都争相采摘，唯独王戎不动。他说："这李子这么好看却没人摘，肯定是苦的。"小伙伴一尝，果真是苦的。这就是著名的"苦李子定理"，使得今天的经济学家和企业家们佩服不已。

王戎家里也有李树，因为品种很好，所结的李子非常好吃。王戎经常拿这些李子去市场上卖，但是在卖之前，王戎要用小钻将每一个李子的核钻透，这样李子就不能发芽了，就能保住自己优良品种的“专利”。

据史料记载，王戎平时总拿着一个象牙算盘在拨呀拨呀，精心计算着自己的每一点得失。但是，就是这样一个看似“冷血动物”的人，也曾流露出动情的话语。

王戎的儿子王万在19岁的时候死了，王戎很悲痛。朋友来劝慰道：“死者不能复生，又何必那么悲伤呢？”

王戎感叹说：“品德高尚的圣人，他们早已将心中的感情升华；品德卑劣的小人则唯利是图、残酷冷漠，根本谈不上有感情；而最重感情、为情所困的，正是我们这些普通人啊！（圣人忘情，最下不及情；情之所钟，正在我辈！）”

【随感】

骨肉挚情，是世间最美丽的风景，也是人生最脆弱的致命处。

路边的阳光下，年轻的母亲幸福地望着自己蹒跚学步的幼儿，那情景使人陶醉；但是假如就在这时，幼儿出了意外（比如说他跑上了大路或是某辆车失去了控制），我们不敢想象这对于母亲将是多么大的剧痛——而在这个六十多亿人口的地球上，时时刻刻都有人死去，时时刻刻都能听到亲人绝望的哭喊。

那么，真的就没有办法了吗？一勺盐放到一杯水里，水会很咸；一勺盐放到大江大河中，就几乎没有咸味了。既然那一勺盐无法逃避，那就将自己的心变得广阔如大海吧！

自古华山一条路——情如我辈者，已别无选择。

★天若有情

[西晋]卫玠："见此芒芒，不觉百端交集；苟未免有情，亦复谁能遣此？"

——《世说新语·言语第二》

【背景介绍】

卫玠(285—312)，两晋时期河东安邑(今山西运城)人。

卫玠的一生短暂而充满坎坷。卫玠的祖父就是在三国时代杀死邓艾父子的卫瓘。在"八王之乱"中，卫瓘一家遭到楚王司马玮的屠杀，只有卫玠和他哥哥由于当时在外就医而幸免于难。卫玠幼小的心灵因此也受到了严重的创伤。后来，卫玠的哥哥和妻子也先后在战乱中死去，更增添了卫玠对人世的沧桑感。

卫玠曾任"太子洗马"(洗，太子出行时在前面做先导)一职。

一次太子出游，卫玠在前面做先导。当经过一条大江的时候，卫玠面容憔悴、神情凄然地对左右感叹道:“看到这茫茫的大江,不由得使人百感交集;只要是心中还有感情,谁又能排遣这种忧伤呢?(见此茫茫,不觉百端交集;苟未免有情,亦复谁能遣此?)”

卫玠一生四处漂泊,最终来到了建业(南京),并在这里结束了短暂的一生。

卫玠是历史上著名的“美男子”,皮肤白嫩,从小就有“璧人”的称呼,《晋书》里用“明珠”、“玉润”等词语来形容他。当建业的人们听说卫玠就要光临,全城都沸腾了,特别是妇女们,都打扮得漂漂亮亮来“追星”,史书上记载“观者如堵墙”。但是糟糕的是,卫玠本来体质就很虚弱,因不堪众人围观,竟然劳累过度而病死,年仅27岁,所以历史上有“看杀卫玠”的说法。

【随感】

曾经有一个小和尚看到师父的案头竟然摆着一本《红楼梦》。小和尚惊讶地问师父,师父缓慢而郑重地答道:“老僧正是凭此入道!”看来小儿女的缠绵也可以升华成了广大坚固的慈悲心。

人的感情如同那变幻的浮云,不可捉摸。但就在这扭曲变幻的面孔背后,应该有一个不变的东西;就如同乌云缝隙中透出的光线尽管变幻无常,但是在乌云背后,一定有一片永恒的阳光。

★岁月何堪

[东晋]桓温:“木犹如此,人何以堪!”

——《晋书·桓温传》

【背景介绍】

桓温(312—373),字元子,谯国龙亢(今安徽怀远)人,东晋权臣、名将。

桓温是宣城太守桓彝之子。据说他未满周岁时,其父亲的好友来看望,说:“此儿有奇骨,可试使啼。”等听到了桓温的啼哭声,他称赞说:“真英物也!”

桓温长大后,娶了晋明帝的长女南康公主为妻,拜驸马都尉。咸康元年(335),桓温任琅邪太守,开始了仕途生涯。从此,桓温平步青云,直到后来将朝廷内外的军政大权集于一身,一手遮天。

在残酷的政治斗争中,死于桓温之手的人不计其数。太和六年

(371)，桓温废司马奕为“海西公”，立司马昱为简文帝。

在桓温的一生中，曾经三次北伐，欲收复中原。

太和四年（369），年近六旬的桓温率领大军开始了第三次北伐。当队伍行至琅邪郡的金城(今江苏句容县北)时，桓温看见了自己三十多年前任琅邪太守时种下的一棵棵杨柳，如今都已长成了枝干粗壮的参天大树。桓温抚摸着枝条上斑驳的痕迹，老泪纵横，感叹道：“无情的树木都难以承受岁月的摧残，更何况是血肉之躯的人呢！（木犹如此，人何以堪！）”

这沧桑的感慨似乎也是一种预兆——桓温的这第三次北伐以惨败告终，他从此也由人生的巅峰滑向了谷底。四年后(373)，权倾一时的桓温在病痛中离开人世，时年62岁。

【随感】

展现在人们眼前的，不再是那叱咤风云的大将军，也不再是那执掌生杀大权、不可一世的铁腕人物，而是一个扶着树枝在哭泣的孤独老人——一个被剥离了历史和社会背景、面对岁月而仓皇无助的赤裸裸的人。

后人看到了更真实的桓温，但不知桓温是否看到了更真实的自己。

★望断白云

[唐]狄仁杰:“吾亲舍其下!”

——《新唐书·狄仁杰传》

【背景介绍】

狄仁杰(630—700),唐朝宰相,是辅佐武则天的重要人物。

狄仁杰心系百姓,一生中曾多次为民请命,冒死进谏,纠正了唐高宗和武则天的许多错误。任宰相时,曾被武承嗣、来俊臣等陷害入狱,被贬为地方官。后又被武则天召回,恢复宰相职位。狄仁杰去世时,举国悲痛,武则天大哭道:“朝堂空也!”

历史上狄仁杰以善于断案著称。他在任大理丞时,清正廉明,刚正不阿,一年之内就判决了大量的积压案件,涉案的一万七千余人中无一人上诉喊冤。连外国人都赞叹他的断案如神,将其誉为“东方的福尔摩斯”。荷兰人高罗佩写的《大唐狄仁杰断案传奇》在全世界广为流传。

狄仁杰在年轻时还有一段“望云思亲”的故事。

早年，狄仁杰科举及第，出任汴州（今河南开封）判佐，但不久就被人诬告。工部尚书阎立本审理此案。阎立本不仅查明了冤情，还发现了狄仁杰这个人才，称之为“沧海遗珠”，并推荐狄仁杰任并州（今山西太原）法曹参军。于是，狄仁杰踏上了前往山西的路途，而他的父母则留在了河阳（今河南孟县南）的寓所中。

路途中，狄仁杰登上了巍巍的太行山。他回头朝河阳的方向望去，只见一抹白云孤寂地飘浮在碧蓝的天空中。狄仁杰怅然地对身边的人说：“我双亲的寓所，就在那片白云之下呀！（吾亲舍其下！）”狄仁杰凝望着白云，久久不肯离去。直到那片云被风吹向远方，狄仁杰才转过身来，继续他那遥远的征途。

【随感】

狄仁杰告别了故乡的白云，却给万千百姓带来了一片蓝天。

每个生命的头顶都有一片蓝天，每个生命的头顶也会有一片白云。既然都在同一片蓝天白云之下，那就同是血脉相连的父母亲人——也只有以此，来告慰天下那无数的凄凄游子之心。

★永失吾爱

[北宋]刘庭式："吾知丧吾妻而已！"

——《书刘庭式事》

【背景介绍】

苏东坡早年曾在密州(今山东诸城)为太守时,密州的通判(相当于监察官的副职)叫做刘庭式,为人忠厚,很得苏东坡的赏识。

刘庭式早年还在求学的时候，曾与同乡的一位姑娘订下了婚约。但是就在刘庭式考中进士时,那姑娘却患了重病双目失明。那姑娘家中本来就是贫苦的农民,现在又成了瞎子,而刘庭式却正好春风得意,平步青云。姑娘的家人觉得双方差距太大,就再也不敢提起婚约的事。

有人也劝刘庭式趁机另娶别人,但刘庭式坚决不同意。刘庭式说:"我的心早已许给她了。虽然她失明了,但我怎能有负自己的初心呢?!"刘庭式果断地回到家乡与那盲女完婚,并把她接到了密州。在密州,他们生了好几个孩子。两人恩恩爱爱,非常甜蜜。

天有不测风云。后来，盲妻患病去世，刘庭式悲痛欲绝。几年过去后，刘庭式仍旧迟迟不肯续娶。

苏东坡问他："悲伤源于爱恋，爱恋源于美色。你娶盲女与之偕老是出于道义，但是对于一个没有姿色的瞎眼妇人，你的爱恋从哪里而生？悲伤又从哪里而生？"

刘庭式答道："我只知道我的爱妻离我而去了！（吾知丧吾妻而已！）她的眼睛能看见，是我的妻；她双目失明，还是我的妻！我若是因她的美色而生爱恋，因这爱恋而生悲伤，那么随着她姿色的衰老，我的爱恋早就淡了，我的悲伤也早就忘了。我若是那样的人，那么街市上那些打扮得花枝招展、风流轻佻，斜倚着大门在挑逗路人的风尘女郎，都可以做我的妻子了！"

苏东坡听后十分钦佩，就把这段故事写成了《书刘庭式事》，流传至今。

刘庭式后来终身未娶。晚年，他辞官隐居山中。后来有人在山中见到了他，见他"面目奕奕有紫光"，上下六十里崎岖山路健步如飞，颇有"道骨仙风"的洒脱。

【随感】

海伦·凯勒的那本《假如给我三天光明》给这个世界带来了永恒的光明。我想，刘庭式妻的心中肯定也蕴含着同样的光明。而后来的刘庭式，已经将对妻子的挚爱，升华为了对山川、对众生的挚爱，正所谓"不俗即仙骨，多情乃佛心"。

永失吾爱！——只有对生命爱得深沉的人，才能发出如此有分量的感慨；也只有对生命爱得深沉的人，才能将爱永藏心间。

愚痴篇

★如日永存

[夏]桀:“吾有天下,如天之有日;日亡,吾乃亡耳!”

——《新序·刺奢第六》

【背景介绍】

夏朝末年,桀王的统治愈发地荒淫残暴。

桀王酷爱喝酒,他建造了巨大的酒池,在其中可以划船;酿酒剩下的酒糟堆起足有十里长。桀王还找来了三千个酒鬼,在酒池中一边划船一边狂饮。而桀王一边喝着酒,一边听着靡靡之音,搂着宠妃妹喜,好不自在。桀王还创立了恐怖的刑罚,将大批犯人残忍地处死,自己则在一旁欣赏犯人的惨叫。

大臣关龙逢向夏桀进谏说:“贤明的君王应该注重仁义,爱护百姓,勤俭节约,国家才能久安长治;如今大王如此挥霍,杀人无度,上天肯定会降下灾祸的。”桀王一听大怒,说道:“你只知道别人的危险在前,却不知道自己的危险在前！”桀王就下令杀了关龙逢。

后来,有莘部落的酋长伊尹提醒桀王,这样下去是要亡国的。这一次桀王的心情比较好，没有治伊尹的罪，而是指着天上的太阳,傲慢地说:“我拥有天下,就如同这天上有太阳;只要太阳还在,我就不会灭亡！(吾有天下,如天之有日;日亡,吾乃亡耳！)”

桀王的这句话迅速地在民间传开。对桀王恨之入骨的百姓们纷纷对着太阳咒愿:“此日何时亡乎？若亡则我宁与之俱亡！”

伊尹知道桀王大势已去,就逃到了商国,并被商王成汤立为宰相。在伊尹的辅佐下,成汤的大军讨伐桀王。在桀王对着太阳叫喊的第二年,夏桀的王朝就覆灭了。桀王被俘,被流放到边疆,不久就一命呜呼了。中国历史从此进入了一个新的时代——商朝。

【随感】

即便是看似“永恒”的太阳,在亿万年后也会垮塌崩溃,最终化为星际间的尘埃，而这在漫长的宇宙历史中也只算是短短的一瞬间。

就连太阳的生命都如同晨露一样短暂，更何况是对着太阳狂叫的小小桀王呢！但是,当一个人长期处于高高在上的位置,习惯于支配一切的权力,往往就忘记了自己的渺小,忘记了这世界的无常。无论是古代不可一世的暴君,还是如今自以为可以征服大自然的现代人,所犯的错误往往都是一样的。

★负日之暄

[春秋]宋国农夫:"负日之暄,人莫知其美者。以献吾君,必有重赏。"

——《夜航船·卷一·天文部》

【背景介绍】

故事发生在春秋时代的宋国,有一个农民家中非常的贫困,从来不知道世界上还有绫罗绸缎、狐皮裘衣,更不知道世上还有高房暖屋、宫殿园林。他只有破烂的衣服勉强过冬。到了开春,他就脱光了膀子在田里种地。

一个温暖的春日,他正在田里种地,和煦的阳光晒在他赤裸的背上,暖洋洋的,他觉得非常舒服。于是他就回过头来对他老婆说:"太阳晒在背上真是太舒服了,这美事别人都不知道!如果把这件美事献给国王,肯定能得到重赏!(负日之暄,人莫知其美者。以献吾君,必有重赏。)”

此事迅速地被当作一个笑话流传开来。当地的一个富豪听说了此事,就对这个农夫说:“当初曾经有人把胡豆饭当作佳肴,把麻秆、水芹、蒿子秆当作美味。他对乡里的富豪们一个劲儿地推荐。富豪们拿来一吃,哎呀!嘴里就像被毒虫蜇了一样又麻又疼;咽下后,胃里也烧得难受。大家对他又是埋怨又是讥笑,那人羞愧得无地自容。你呀,也是这种人!”

【随感】

国王似乎拥有国土上的一切,但他却无法拥有农夫背上的那一抹阳光;即便农夫能将那片阳光“奉献”出来,但他却无法将自己的快乐献给国王——因为,物质是可以给予的,但快乐却是无法给予的。

那曾照耀农夫脊背的阳光,同时也在照耀着宋国的王宫,只要宋王心中也有阳光,他一样能感到快乐;而那古老的阳光,今天也依然在照耀着我们。

★古无死者

[春秋]齐景公:“美哉国乎！郁郁芊芊,若何滴滴去此国而死乎？使古无死者,寡人将去斯而之何？”

——《列子·力命第六》

【背景介绍】

一次,齐景公登上牛山游览,向北方眺望。齐景公低头感叹道:“江山是多么壮丽！郁郁芊芊,苍翠欲滴。谁舍得丢下这美景而死去呢?假如自古以来就没有死亡,那寡人甘愿永远守在这里啊!(美哉国乎!郁郁芊芊,若何滴滴去此国而死乎?使古无死者,寡人将去斯而之何?)”说着说着,泪水竟然打湿了衣襟。

这时，齐景公身边的两个臣子——史孔、梁丘据也跟着附和道:“我们臣子幸得大王的恩赐,有了一些简陋的饭食充饥,有破旧的车子乘坐。尽管生活如此,我们都还不愿意死,更何况是一国之君啊！”说着说着两人也呜呜地哭起来了。

这时，晏子却在一边哈哈大笑：“今天游览真是可乐！见到了一个怯懦的国君，和两个谄媚的臣子！假使自古就没有死亡，那太公到今天依然在位，可就轮不到国君您坐江山了，您现在可能还在田里耕地，为了糊口在疲于奔命，还有闲工夫考虑生与死的话题？”

一席话说得齐景公脸上有些挂不住了，于是举杯罚了自己一杯酒，也罚了那两个谄媚的大臣。

【随感】

黄叶飘零化作尘，本来非妄亦非真。

有情故宅含秋色，无名君子湛然身。

腐烂的肉体化为泥土，新的幼芽在阳光下成长。齐景公若是有此情怀，就不会如孩子一般地哭泣，而是就在一瞬间，将自己的生命融入到那苍翠欲滴的山川，融入到阳光下那广袤的大地。

★哀哀鹤鸣

[春秋]卫国百姓："使鹤！鹤有禄位，余焉能战？"

——《左传·闵公二年》

【背景介绍】

卫懿公是春秋时代卫国的一位昏君，"因鹤亡国"而名留史册。

卫懿公痴迷于养鹤，在宫廷之中到处都可以见到仙鹤在散步。下面的官吏也投其所好，到民间收集各种仙鹤。卫懿公给这些仙鹤起名编队，训练它们跳舞。卫懿公还给仙鹤封了不同品位的官职，像对待士大夫一样地供给奉粮。有些"地位高"的鹤甚至能像高官一样，趾高气扬地乘坐豪华的马车。

为了供养这些鹤，卫国每年要消耗大量的粮食和金钱，百姓们不堪重负。而荒淫的卫懿公沉迷于玩乐，根本不理朝政，对百姓们的疾苦更是漠不关心。卫国百姓对卫懿公恨之入骨。

周惠王十七年(前660),灾难终于降临。“狄人”(我国北方的少数民族)大举入侵卫国,而卫国军队的人数远远不够。

卫懿公慌了神,下令到民间紧急招募士兵,但是卫国的百姓们纷纷说:“让鹤去打仗吧！它们都是有禄位的官员,我们老百姓怎么会打仗呢?(使鹤！鹤有禄位,余焉能战?)”卫懿公听到此话后如梦初醒,悔恨交加。他下令遣散所有的鹤,并向百姓们表达了自己的悔恨之意。但是一切为时已晚,招募到的士兵寥寥无几。

无奈,卫懿公只得亲自带着人数很少的部队出征,在荧泽(今河南省淇县)遭遇到狄军的伏击,卫懿公被杀。卫国都城被攻陷,狄军展开疯狂屠杀。卫国百姓被狄军逼到了黄河岸边,仅有七百余人活下来。

后人有诗云:

曾闻古训戒禽荒,一鹤谁知便丧邦。

荧泽当时遍磷火,可能骑鹤返仙乡?

【随感】

谁来对卫国百姓的悲惨命运负责? 仅仅是昏庸的卫懿公一个人吗?!

大敌当前,如果卫国的百姓能够暂时抛开对卫懿公的怨恨,同心协力抵抗入侵,结局就不会那么悲惨。卫懿公不懂得“玩物丧志”,而卫国百姓难道不懂得“覆巢之下安有完卵”的道理吗?

生命本来是一体,卫国百姓抛弃了卫懿公,而自己最终也被这个世界所抛弃。

★舌在足矣

[战国]张仪:"(舌在,)足矣!"

——《史记·列传七十》

【背景介绍】

战国末年，面对着日趋强大的秦国，各诸侯国之间演义出了"合纵"与"联横"的闹剧。

所谓"合纵",就是主张从北到南纵列的国家联合起来,共同对抗强大的秦国。参与合纵的国家有燕、赵、韩、魏、齐,最后是楚国。合纵的代表人物是苏秦。

而所谓"联横",就是在六国合纵抗秦的形式之下,秦国采取种种政治和外交伎俩,分化对手,制造矛盾,来拆散六国的联盟,希望从西到东的各国都跟秦国签订友好盟约。联横的代表人物就是这位张仪。

张仪的口才天下无敌,人称“巧舌如簧打天下”,他因此也非常珍惜自己的舌头。

早年,有一次,张仪与楚国的宰相昭阳一起喝酒,正巧相府中丢失了一块碧玉。由于张仪一向名声不好,人们就怀疑是他偷的,就把张仪绑起来严刑拷打。张仪死也不承认。由于找不到证据,人们最终也只好将他放了。

张仪跌跌撞撞地回到了家中。他老婆一看他遍体鳞伤,心疼得不得了,急忙问:“你怎么弄成这个样子了!?”张仪却顾不上那么多,进门第一句话就问老婆:“你快来!看看我的舌头还在不在?”然后就张开大嘴。他老婆看了看,笑着说:“舌头还在。(舌在。)”张仪一下子就松了口气,说:“好,那就够了!(足矣!)”

以后,张仪就利用他这“幸存下来”的三寸不烂之舌到处游说,帮助秦国最终拆散了六国的合纵,并将愚蠢的楚怀王戏耍于股掌之间。

凭着自己的如簧巧舌,张仪不知欺骗玩弄了多少人,害得多少人国破家亡,也害得屈原投江自尽。张仪自己也没有什么好的结果。

张仪帮助秦国拆散了六国合纵,但新登基的秦武王并不买他的账。由于张仪的名声太臭,人人都知道他不讲信义,就是靠欺骗和出卖为生,所以秦武王身边的大臣经常劝武王杀掉张仪。张仪得知,就用了一个“金蝉脱壳”之计,慌慌张张地逃到了魏国。

张仪刚逃到魏国,齐国又大军压境要捉拿张仪。张仪只得又凭着自己的不烂之舌去说服齐王,勉强保住了自己的性命。接下来,张仪就在魏国度过了自己人生中最后一年郁闷、恐惧的岁月。公元前309年,张仪死于魏国。至于民间流传的张仪死后遭了什么什么恶报的传说,就不得而知了。

【随感】

张仪的高明之处就是在于他能把"非"说成"是",能把"黑"说成"白",而且逻辑严谨,听上去是头头是道、无懈可击,而关键时刻,又能毫无羞耻地翻脸不认账。

张仪的下场也警示着天下所有"靠舌头吃饭"的人——如果一个人失去了信义,即便他那如簧的巧舌还运转自如,又有什么用呢?

★机关算尽

[战国]齐女:“欲东家食,西家宿。”

——《艺文类聚·卷四十》

【背景介绍】

故事发生在战国时代的齐国。有一个女孩子到了该出嫁的年龄,有两个男子前来求婚,一个来自城东,一个来自城西。东家的男子相貌丑陋,但是家中很有钱;西家的男子相貌英俊,却是个穷光蛋。

在古代,儿女的婚姻大事一般都是由父母来做主的,但是这一次却是例外,因为这两难的选择也让那女孩的父母没了主意。于是,父母就向女孩本人征求意见。

但是在那个封建时代,一个女孩子是不好意思直接开口谈论自己的婚姻大事的。她的父母也意识到了这一点,于是就让女孩面向正南方站立，对她说："你若是想嫁到东家，就把左边（东边）的袖子挽起来；你若是想嫁到西家，就把右边（西边）的袖子挽起来。"

女孩接下来的举动令人吃惊——她竟然把自己两边的袖子都挽了起来！

父母真的被整晕了，焦急地说道："你干脆直接说吧！到底想要嫁给哪一家?！"

女孩子眨了眨眼睛，慢吞吞地说："其实……其实……其实我想白天到东家去吃饭，晚上到西家去睡觉！（欲东家食，西家宿。）"

"哇塞！"——在场的人当即晕倒一大片……

【随感】

曾听一个女孩子说："女人一生要找三个男人。先找一个帅哥享受青春；再嫁一个有钱的老头继承遗产；等到玩够了、玩腻了，自己也老了，再找一个老实的男人过一生……"看来这小算盘是从古代一直打到了今天。

但是俗话讲，人算不如天算。命运只要轻转手腕，就能安排你去"西家食、东家宿"，或者让这"男人三部曲"的前后次序调整一下——那可就真的热闹了！

★天不可欺

[东汉]清河太守:“人皆有一天,我独有二天!”

——《后汉书·苏章传》

【背景介绍】

苏章,字孺文,东汉末期扶风(今陕西扶风县)人,以为官清正刚直、执法严明著称。据说,苏章是苏东坡的祖先。

东汉顺帝汉安元年(142),苏章出任冀州刺史。一次巡视到清河郡时,当地的百姓向苏章状告太守贪赃枉法。苏章经过调查,证据确凿。然而这清河太守不是别人,恰恰是苏章昔日的同窗好友。

这一天晚上,苏章请太守来吃饭。席间,二人谈起了当年一同求学的时光,叙起了往日的旧情,非常投机。太守很高兴,认为自己找到了保护伞,肯定不会有事,于是有点得意忘形地说:“别人的头上只有一重天,而唯独我头上有两重天!(人皆有一天,我独有二天！）”

这时，苏章说道：“今天与君饮酒叙旧情，全是私交；明天在公堂之上，我可要公事公办！”

第二天，苏章在公堂之上历数太守的罪行，依法惩办，毫不留情。从此，冀州境内的官僚被苏章所震慑，为政的风气焕然一新。

宋朝宋太宗登基后，曾下令各地州县官府衙门口都竖立一块碑，上刻十六个字：“尔俸尔禄，民膏民脂。下民易虐，上天难欺。”

【随感】

每个人都生活在自己的境界之中，所以不同的人对“天”也有不同的定义。但不论是对于在外的世界还是对于自己的内心，“天”应该代表着一种正义的力量，是生命最真实的本性所在。

尊重这片“天”，就是尊重这个世界，也就是尊重自己。不尊重自己的“天”，最终也必将被自己的“天”所抛弃。

★请君入瓮

[唐]来俊臣:“请兄入此瓮!”

——《资治通鉴·唐则天皇后天授二年》

【背景介绍】

来俊臣和周兴都是武则天手下恐怖的“酷吏”。他们心狠手辣，经常用告密、诬陷等手段残害忠良。

有一天，武则天收到一封告密信，检举周兴与人串通谋反。武则天就让来俊臣去查办此案。来俊臣深知周兴的老奸巨猾，于是心里就嘀咕:“仅凭一封检举信，怎会让他招供?”经过左思右想，来俊臣决定用周兴自己的头脑来整治他自己。

来俊臣在家中摆下了一桌丰盛的酒席，请周兴来做客。席间，两人推杯换盏，谈笑风生。忽然间，来俊臣叹了口气，对周兴说:“在下日常办案，经常遇到一些犯人死不认罪。不知仁兄有何妙计能让他们招供?”周兴哈哈大笑,说:“这还不好办?!你准备一个大瓮,四周烤上炭火,然后把犯人赶到瓮中,看他还招不招!”

来俊臣嘴上一个劲儿地称赞这办法的高明,私下却命人按照周兴所说的去准备大瓮和炭火。不一会儿,周兴就被来俊臣“请”到了瓮前。

来俊臣指着被熊熊炭火包围的大瓮,对周兴说:“宫里有人告你谋反,圣上命我查办此案。那么现在就请仁兄入此瓮吧!”

周兴顿时被吓得脸色发白、汗如雨下,于是将自己的罪行通通招认了。

【随感】

大自然是我们共同生活的“瓮”,但就是有人在肆意地糟蹋;道德人心也是一个“瓮”,但也还有人在不断地糟蹋。看来,身在瓮中却又兴高采烈地往瓮下面添火炭的人确实很多。相比之下,我们这位在瓮前被吓得半死的周兴周大人还算不上是最愚蠢的。

话又说回来,既然大家同在一个瓮中,看着别人往瓮下面添火,如果同在瓮中的我们却还认为“事不关己”而听之任之,是不是更愚蠢呢?

谐谑篇

★小时了了

[东汉]孔融:“想君小时,也必了了!”

——《世说新语·言语第二》

【背景介绍】

孔融十岁那年随父亲来到了洛阳。当时的司隶校尉李元礼的名望很高,因此很高傲,除了才子、名流和自家的亲戚,其他人登门拜访一律不给通报。

一天,孔融来到李元礼家的大门前,对看门人说:“我是李府君的亲戚。”看门人如此通报,于是李元礼就让孔融进来。

落座之后,李元礼就问孔融:“你与我是什么亲戚关系啊?”孔融答道:“古时候我的祖先仲尼(孔子)曾经拜过您的祖先伯阳(老子,姓李,名耳,字伯阳)为师,我们可以算是世交了!”

孔融一席话,使李元礼和在座的宾客都大为惊异——这小小的男孩竟有如此的才学和聪慧！

这时，太中大夫陈韪走了进来，人们把刚才孔融的机智回答向他复述了一遍。陈韪不屑地说："别看小时候聪明伶俐，长大了未必有什么作为！（小时了了，大未必佳。）"

孔融立即回应道："想君小时，也必了了！"

咣当！——陈韪当时就晕菜了。

【随感】

孩子在成长过程中，除了广博的知识、敏捷的思维和伶牙俐齿，还有一些更内在的素质更重要：宽阔的心胸、坚韧的意志、虚心的接纳、自我反省的意识、对生命的尊重与慈悯等等许多。

历史上的杨修、范晔等人也算得上是才华横溢，但是由于他们的自作聪明，由于他们的伶牙俐齿，反而给自己招来了杀身之祸，正好应验了"才过德者不祥"的古训。

★吴牛喘月

[西晋]满奋："臣犹吴牛，见月而喘。"

——《世说新语·言语第二》

【背景介绍】

这里的"吴牛"，是指江南吴越地区的水牛。

江南地区的夏季非常炎热，特别是到了中午，阳光晒得很厉害，水牛们就只好躲到水里去，等到傍晚凉快的时候才出来。可是当月亮从东方升起时，水牛以为又是太阳升起了，吓得气喘起来。所以有"吴牛喘月"的说法。

西晋初年，晋武帝司马炎手下有一名臣子叫做满奋，任尚书令。满奋的身体不好，非常怕风。

有一次，满奋去见晋武帝商讨国事。晋武帝指着北面窗口旁的一张椅子让他坐下。满奋虽然勉强坐了下来，但始终心神不宁。晋武帝知道满奋怕风的毛病，也看穿了他的心思，就手指窗口笑了起来。

满奋走到窗前仔细观看，并用手一摸，发现实际上窗口镶着一扇透明的琉璃屏风，虽然看上去就好像只有一个空框子，实际上密不透风。

满奋知道自己闹了笑话，便十分尴尬地自我解嘲说："臣犹吴牛，见月而喘。"

【随感】

炽热的阳光并没有照到身上，吴牛却已经被吓得气喘吁吁，却没有感受到当下的清凉。

世间人也是一样。面对着看不清的未来，人们总会感到惊慌失措。于是就拼命地争夺"可以使自己更加安全"的一切。但也正是在这争夺的过程中，人们受尽伤害、受尽痛苦，甚至丢了性命。

★未能免俗

[西晋]阮咸："未能免俗，聊复尔耳。"

——《晋书·阮咸传》

【背景介绍】

阮咸，字仲容，西晋陈留尉氏（今属河南），"竹林七贤"之一，也是"竹林七贤"中阮籍的侄子，他们合称"大小阮"。

在庞大的阮氏宗族中，阮咸虽然有士族优越的门第和身份，但实际上家境很穷。阮氏家族在一条街道的两侧分居，"南阮贫、北阮富"，阮咸等穷的阮家住在道南，其他有钱的阮家住在道北。

按照陈留当地的风俗，每到农历七月初七有晒衣服的习惯，以防衣服被虫蛀。而对于大户人家，这也是一个炫耀自己财富的好机会。

这一年的七七，道北的阮家纷纷拿出的绫罗绸缎出来晾晒，使人眼花缭乱。道南的阮咸也不甘示弱,用竹竿子挑着一条粗布的大裤衩子也出来晒。人们对他的做法感到奇怪,他自嘲说:“我也还不能免俗,姑且就这样吧!(未能免俗,聊复尔耳!)”

【随感】

在这个充满刺激、诱惑的世界，到处都能找到人们所说的那“恶俗”的影子,时时刻刻在熏染侵蚀着人们的心灵。

尽管我们无法力挽狂澜而领导时尚，尽管我们毕竟也未能免俗,而对于一些“恶俗”的潮流,姑且挂个粗布裤衩嘲弄一下,也挺不错嘛!

★何必当初

[西晋]监斩官:"知财致害,何不早散之?"

——《晋书·列传第三》

【背景介绍】

这是西晋的石崇(249—300)即将被问斩时,监斩官对他的戏谑。

石崇是西晋不可一世的富豪。他在担任荆州刺史时,经常对过往的商客、使节敲诈勒索,巧取豪夺,迅速成为巨富。他和王恺曾上演过一幕幕斗富的闹剧。

尽管王恺是晋武帝司马炎的舅舅,但每次斗富却依旧要败给石崇:王恺用饴糖来洗锅,石崇就用蜡烛来当柴烧;王恺外出用紫色丝绸做成四十里的步障,石崇就用五彩锦缎做成五十里的步障。晋武帝为了帮助舅舅取胜,就赐给王恺一棵二尺多高的珊瑚树。当王恺向石崇炫耀时，石崇竟然抬手把它打碎。王恺正痛惜时，石崇便命人取出自己的珊瑚树让王恺挑，其中有六七棵高三四尺，二尺高的更多。

石崇的穷奢极欲一言难尽。据说他还有“人肉屏风”、“斩美人以劝酒”等恐怖嗜好。

当这一切到达了极点，灾祸便开始了。

石崇有一个宠姬叫绿珠，美艳绝伦，倾国倾城。城中另一个叫孙秀的恶棍贪恋绿珠的姿色，派人求石崇相送，被石崇拒绝。孙秀于是怀恨在心，便搬弄是非，与赵王伦狼狈为奸，伪托圣旨来杀石崇。石崇和绿珠正在“金谷园”中寻欢作乐，孙秀带兵杀来。绿珠跳楼自尽，石崇一家十五口老少都被押到东门问斩。

临刑前，石崇大骂：“无耻的奴才！为贪图我的财货，竟用如此卑鄙的手段！”监押他的军校戏谑他说：“既然知道财富会招来灾祸，怎不早将财产施舍？（知财致害，何不早散之？）”石崇无言以对。

【随感】

不义之财囤积到一定程度，就会带来灾祸——这一点可能是石崇一辈子也想不通的。他要是有人家范蠡那份机灵劲儿，善于聚财，也善于散财，恐怕也不至于落得如今这个下场。按老百姓的话讲，石崇就是属于“没活明白”的那一类人。

★阿堵之物

[西晋]王衍:“举此阿堵物去!”

——《夜航船·卷十二·宝玩部》

【背景介绍】

王衍(256—311),字夷甫,琅邪临沂(今山东临沂)人,著名吝啬鬼王戎的弟弟。历任中领军、中书令、尚书令等职。他喜好清谈,为“竹林七贤”之一。

王衍的老婆郭氏是贾皇后的亲戚。王衍虽然自命清高,但郭氏却性格凶悍倔强,对金钱贪得无厌,利用手中的权力到处搜刮。王衍对老婆的这种毛病深恶痛绝,但也没有别的办法,因此他绝口不提“钱”字。

郭氏心里可不服气,她心想:“姑奶奶辛辛苦苦给你捞钱,你却假装正经。呸!假清高!我倒要看看你说不说‘钱’字!”

一天深夜，王衍在床上睡得正香，郭氏却悄悄开始了特别行动——她命令丫环们用无数的钱币绕着床的四周筑起围墙，将王衍团团围住。郭氏在一边偷偷观瞧，看王衍这一次到底还说不说“钱”字。

早上，王衍醒来睁眼一看，发现自己已经被金钱包围，出不去了。他对丫环喊道：“把这些玩意儿都给我拿走！（举此阿堵物去！）”

从此，“阿堵物”就与“孔方兄”一样，成为了金钱的代名词。

【随感】

当金钱堆满身边，王衍能不言“钱”；但是假如穷困潦倒时，他是否还能不言“钱”呢？口不言“钱”未必就是清高，因为金钱只是一个虚幻的符号。

人们会斤斤计较自己的钱，但很少有人思考：这些钱所买来的，有多少是痛苦、有多少是快乐呢？而当人们开始用无价的东西去换取有限的金钱时，当世界上美好的东西一件件被毁灭时，人们口袋中厚厚的钞票恐怕就真的要变成无用的“阿堵物”了。

★降了黄巢

[唐]王铎幕僚:“不如降了黄巢!”

——《夜航船·卷五·伦类部》

【背景介绍】

王铎(? —884),字昭范,太原人,唐朝末期名臣,曾做过宰相。

唐朝末年,在山东地区爆发了先后由王仙芝、黄巢领导的农民起义。起义军转战大江南北,占领了南方大部分地区。唐乾符六年(879),黄巢的起义军从广西桂林起兵,挥师北上。这时,王铎正好任荆南节度使,坐镇荆州,全面指挥长江中游一带的防御。

王铎将防御的重点放在了潭州(湖南长沙),而荆州只留守了不到一万的军队。但是没想到潭州很快就失守了,黄巢50万大军一下子就直逼荆州。而就在这万分危机的时刻,京城长安又传来消息:王铎的夫人已经动身离开京城,正在前往荆州的路上!

这消息可把王铎吓坏了，因为王铎平时就风流成性，但又非常怕老婆。以往他去外地赴任时，总是带着一大堆小老婆，而远在京城的夫人却不知道。这一次夫人亲自到来，自己那一堆"小蜜"该怎么办呢？

这一天，王铎就好像是热锅上的蚂蚁，坐立不安。他向手下的幕僚们说道："黄巢的叛军从南边杀来，夫人又从北边逼来，这一天的滋味可真难受，叫我如何能安静得下来呢?！"

其中一个幕僚说道："将军，我有一计，不知当讲不当讲？"

王铎说："但讲无妨！"

那个幕僚诡秘地朝左右笑了笑说："不如降了黄巢！"

此语一出，大帐之中一片哄堂大笑，王铎也无奈地笑了。

后来王铎虽然没有投降黄巢，但是也没有怎么抵抗，而是仓皇撤退，把荆州拱手让给了黄巢。

不久，黄巢的起义被镇压，王铎升任宰相。884年，王铎在宫廷的政治斗争中被杀。

【随感】

现代人的处境比当年的王铎也好不到哪里去：

生意会不会亏本？公司会不会裁员？房价会不会再涨？银行的贷款马上就到期，怎么办？明天税务局来检查，能否蒙混过关？晚上和情人约会，会不会被老婆知道？……

四面夹击，腹背受敌，怎么办？——不如降了吧！呵呵。

★入土半截

[北宋]苏轼:“汝已半截入土,犹争高下呼(乎)?!”

——《东坡志林·卷十二》

【背景介绍】

苏东坡不仅仅是一位大文豪,而且他的佛学造诣也很深,在佛门中相传他是五祖戒禅师的转世。在他的作品中,有许多诗句都含有很深的禅韵,比如“不识庐山真面目,只缘身在此山中”,还有“人生到处知何似,恰似飞鸿踏雪泥;泥上偶然留指爪,鸿飞哪复计东西”等等,都蕴含着很深的哲理。

苏东坡与金山寺的佛印和尚是好朋友,经常与他谈禅论道,也经常在与佛印的“斗智”中狼狈地败下阵来,留下诸如“一屁过江”之类一段段的笑话。除了佛印之外,道潜禅师(参寥子)也是苏东坡的好友。

一次，苏东坡与道潜禅师谈天，谈到人世间的纷争，苏东坡感慨地讲出了一段“桃符”与“艾人”的寓言故事：

“桃符”与“艾人”都是我国民间驱邪辟鬼的物品。民间传说东海的大桃树下有“神荼”、“郁槐”两位神仙能够吃鬼，人们就在桃木板上画出这两位神仙的形象，挂在大门上以避邪；“艾人”是用艾草扎成的草人，挂在门上，传说也能避邪。

这一天，门上的桃符仰望挂在上面的艾人骂道：“你只是一堆草芥而已，居然敢跑到我的头顶上！”艾人也不甘示弱，低头回应道：“你还是看看你自己吧！你都已经入土半截了，还要争高下吗？（汝已半截入土，犹争高下乎？）”于是桃符和艾人争吵不休。这时候，门神在一旁劝解道：“大家不要吵了！我们都没有本事、没有出息，只能靠傍人门户来勉强度日，哪里还有工夫争这份闲气啊？”

后来，苏东坡将这段故事写成了文章《争闲气》。

【随感】

古时，曾经有户人家请一位禅师来写对联，禅师抬手就写下了“父死儿死孙死……”那家人怒了。禅师解释道：“人人都要死，家中如果按照这个顺序死是最幸福的；否则，若是孙子死在儿子前头，儿子死在父亲前头，那么……”那户人家无言以对。

既然大家都要死，都已是“入土半截”，又何苦再计较那一点点得失高下呢？古人道：“不知生，焉知死？”这里则是：“不知死，焉知生？”

后　记

合上史书，古老的声音依旧在耳边回响。不知大家感受如何。

古人已如白驹过隙离我们而去，往事更是如风中尘沙早已飘远。今天，行色匆匆的人们又将有新的话语、新的心情、新的悲欢离合、新的如歌岁月。尽管物换星移，尽管容颜已改，但在这尘世变幻的面孔背后，有一些东西还是不变的，那就是古人与我们共同所拥有的——这一念心。

古语道："十世古今，不离当念；微尘刹土，不隔毫端。"古人也好，我们也好，都是这一念心所变现的幻影，就如同那千万朵浪花都来自同一片大海。因此，历史上的每一段往事，以及古人的每一句话、每一声笑、每一滴泪、每一首歌，并非是遥不可及、与我们毫无关系的陈年往事，而这古老的点点滴滴，恰恰都是现在我们自己生命的诠释。

但愿我们在读懂历史的同时，也能够读懂我们自己；因为，我们在书写自己人生的同时，也在书写着历史。

且行，珍重。

笔　者

2009年5月16日